中等职业学校
学生职业素养养成教育系列教材

中职生职业素养教育

主　编　李兴洲　徐亚楠
副主编　李世昊　龙语兮　刘沐函

北京师范大学出版集团
BEIJING NORMAL UNIVERSITY PUBLISHING GROUP
北京师范大学出版社

图书在版编目（CIP）数据

中职生职业素养教育 / 李兴洲，徐亚楠主编.

北京：北京师范大学出版社，2024.（2025.8 重印）-- ISBN 978-7-303-30013-6

Ⅰ. B822.9

中国国家版本馆 CIP 数据核字第 2024VR6706 号

出版发行：北京师范大学出版社 www.bnup.com
     北京市西城区新街口外大街 12-3 号
     邮政编码：100088

印　　刷：天津盛辉印刷有限公司
经　　销：全国新华书店
开　　本：787 mm×1092 mm　1/16
印　　张：8.75
字　　数：144 千字
版　　次：2024 年 10 月第 1 版
印　　次：2025 年 8 月第 2 次印刷
定　　价：30.00 元

策划编辑：鲁晓双　　　　　　　　责任编辑：鲁晓双
美术编辑：焦　丽　　　　　　　　装帧设计：焦　丽
责任校对：陈　荟　　　　　　　　责任印制：赵　龙

PREFACE 前言

　　职业教育在中国教育体系中占有重要地位，承担着为社会培养具备专业技能和知识的中坚力量的任务。中等职业教育在中国职业教育体系中起着承上启下的作用，在为学生提供专业技能学习机会之外，更重要的是通过实践教学和校企合作等方式，培养学生的实际操作能力和职业素养。党的二十大报告指出："统筹职业教育、高等教育、继续教育协同创新，推进职普融通、产教融合、科教融汇，优化职业教育类型定位。"《中华人民共和国职业教育法》明确地规定了职业教育的目的和定位，"推动职业教育高质量发展，提高劳动者素质和技术技能水平，促进就业创业，建设教育强国、人力资源强国和技能型社会，推进社会主义现代化建设"。为办好新时代的职业教育，培育新型职业人才，职业院校亟须为中职生职业素养的培育提供思路与实践方法，本书即在此背景下应运而生。

　　本书由职业理想教育、职业人格教育、职业意识教育和职业关键能力培养四个专题组成，从四个维度上完成对"中职生职业素养教育"的介绍。其中，每个专题分设不同的学习主题，学习主题又包括观察与思考、素养加油站、互动小空间、职场小故事、活动与实践、职场小练手、职场小收获等形式多样的内容。项目与任务衔接、理论与案例结合，我们希望能够借此种形式开展职业素养教育，帮助中职生提升对职业核心素养的认识，习得更多职场交往技

能，进一步端正职业心态，从而更好地了解职场，融入职场。

在编写的过程中，我们力求紧贴我国职业教育改革的新动态、发展的新方向，在案例的选取与项目间的衔接上也尽力做到时效性与实用性相结合，以求能够为高素质技术技能型人才的培养提供理论与实践方面的支撑。此外，我们还有针对性地参考了相关文献，在此向原作者及其团队表示衷心的感谢。

书中如有疏漏之处，恳请各位读者批评指正，这将是我们进一步完善本书的动力之源。

《中职生职业素养教育》编委

2024 年 2 月

CONTENTS 目录

专题一 >> 职业理想教育

习近平总书记指出："梦想从学习开始，事业靠本领成就。"工作仅仅是一种谋生的手段吗？职业与我们获得生存、立足社会、实现自我发展又有何种关系呢？我们可以不思考职业意向、不确定职业目标，随意选择一份工作，甚至从事自己不喜欢的工作吗？通过本专题的学习，我们将知晓作为一名中职生，应树立怎样的职业理想与职业价值观，并在教师的带领下，思考自己的职业目标、职业生涯规划和职业选择。

观察与思考 »

王同学认为，学习只是为了找到一份好工作，倘若现在就能找到一份好工作，为什么还要学习呢？于是，他每天都想着找工作，还因此荒废了学业。

老师劝导王同学说，"现在的主要任务是学习"，还拿出一个装满珠子的盒子说要送他一颗珠子。对于老师推荐的几颗珠子，王同学都拒绝了，因为他看出这些珠子很普通，并不像老师说的那么珍贵。

老师笑了。他让王同学自己挑选一颗。王同学干脆利落地拿出一颗。毫无疑问，谁都知道那是一颗珍珠。

老师这才说："你看，你也知道从一堆珠子中挑选最有价值的那颗，别人也会这样做。如果是一颗普通的珠子，任凭你再怎么推荐也没有用，但如果你努力成为一颗珍珠，还需要那么辛苦地推荐自己吗？"

想一想　就业只是找到一份工作吗？我们应该如何看待就业？

素养加油站 »

就业的根本目的不是找到一份工作并完成入职，而是着眼于职业，找到个人理想的实现方式，谋求整个职业生涯的可持续、高质量发展，最终推动职业生涯发展与个体生命价值的共同实现。树立正确的职业理想和职业价值观，是职业生涯觉醒的重要前提，有助于我们以长远的眼光、全面的视角看待职业，有助于我们做出合理的职业选择，采取积极的职业行为。

一、职业理想

职业理想是人们关于职业生涯的合理期盼，是指人们在一定世界观、人生观、价值观的指导下，对未来所从事职业种类和职业方向的追求，以及对职业成就的向往。

（一）职业理想的特点

1. 职业理想具有社会性

职业理想以社会实践为基础，受社会条件的制约，因此是一定的生产方式及其所形成的职业和其地位、声望在个体头脑中的反映。

2. 职业理想具有时代性

不同时代有不同的理想。在不同的理想之下，不同时代的职业人才肩负着不同的使命重任。

3. 职业理想具有发展性

就社会层面而言，职业理想随着时代的发展呈现出阶段性的变化；就个体层面而言，个体的职业理想一般会随着年龄的增长、阅历的增加，逐渐由朦胧变得清晰、由笼统变得具体。

4. 职业理想具有个体差异性

个体的人生观、价值观、思想道德水平、文化素养、能力水平、身心素质、性格兴趣等，皆在不同程度上影响着个体职业理想的形成，因而职业理想呈现出一定共性之下的个体差异性。

（二）职业理想的作用

"理想是石，敲出星星之火；理想是火，点燃熄灭的灯；理想是灯，照亮夜行的路；理想是路，引你走到黎明。"这是当代著名诗人流沙河的现代诗《理想》中的句子，说明了理想在个体成长与自我实现道路上的重要作用。职业理想作为个体在职业生涯中的崇高追求，也在个体的成长和自我实现中具有积极作用。

1. 支撑作用

职业理想是个体人生理想的重要组成部分。个体理想的人生目标、生活状态通常离不开其事业上的成就，或者以符合期待的职业生涯发展与职业回报为基础。因此，职业理想将为个体人生理想的实现提供支撑。

2. 导向作用

职业理想为个体的职业生涯发展提供重要的方向指引，使个体明确自己的奋斗路线，并依据奋斗目标合理调整职业活动。

3. 激励作用

职业理想也是个体职业生涯中的重要精神动力。它以美好的图景为个体提供源源不断的能量，激励个体在职业道路上勇敢前进，促使个体克服职业生活中的种种困难，稳定情绪，调整心态，带着对未来的憧憬和信心，积极乐观地前行。

（三）树立正确的职业理想

1. 职业理想要与国家利益、社会利益相统一

个人利益寓于集体利益、国家利益之中，个人理想的实现以社会理想的实现为前提和基础。党的二十大确立了"全面建成社会主义现代化强国、实现第二个百年奋斗目标，以中国式现代化全面推进中华民族伟大复兴"的使命任务。青少年应当树立正确的职业理想，坚持实现自身价值与服务国家社会相统一，把职业理想与国家的前途、民族的命运、社会的需要、人民的利益相结合，在个人职业理想与国家伟业的融合中成就一番事业。

2. 职业理想要与自身实际相符合

职业理想要高于现实，但又不能完全脱离现实，否则就会成为难以落地的幻想。青少年不能盲从跟风，也不能好高骛远，要从自身实际出发，结合个人志向、追求、能力等，树立合适的职业理想，并探索可行的方法策略，促进理想实现。

3. 职业理想要以艰苦奋斗为实现路径

脱离实际的职业理想是幻想，放弃以艰苦奋斗为路径的职业理想则是空想。青少年应当明白，职业理想解决的是职业生涯发展方向的问题，而要实现职业理想必须立足实践，脚踏实地，努力奋斗和拼搏。

　　作为一名乡村非遗工作者，贺州市级非物质文化遗产瑶族芦笙制作技艺传承人徐维笙为了让芦笙这种少数民族传统乐器绽放新光芒，访遍多地瑶族村落，搜寻、记录关于"平地瑶"山歌的唱法、舞蹈的跳法以及芦笙、长鼓等乐器的制作工艺和演奏方法，同时对瑶族歌书、鼓谱等瑶族历史材料进行收集整理，还到四川、云南、贵州等有吹笙踏鼓习俗的地方拜师学习。开通社交软件账号更是必不可少，他常常利用直播宣传瑶族芦笙制作技艺。

　　在徐维笙看来，非物质文化遗产作为一种民间记忆、民族情怀，传承就是靠一种信念："我的梦想就是要制作出中国最好的瑶族芦笙和长鼓，让人们听到最美的芦笙音调，听到最好的瑶族长鼓的声音，让美妙的乡间声音传出山谷，传进大众心中，为乡村振兴助力！"

❖ 二、职业价值观

　　职业价值观是个体对待职业的一种信念和态度，是其人生目标和人生态度在职业选择与职业活动中的具体表现。职业价值观反映了个体对奖励、晋升、义务、责任等的态度，是个体职业行为背后的深层动机与价值取向。然而，很难有一个工作同时符合个体所有的职业价值取向。在大多数情况下，个体需要在得失权衡中做出职业选择，在这一过程中左右选择结果的往往就是个体的职业价值观。

（一）职业价值观的内容

　　对某一职业的价值判断一般可以从以下三方面展开，对相关因素的价值排序则反映了个体的职业价值观。

1. 职业的发展因素

　　职业的发展因素包括符合兴趣爱好、机会均等、公平竞争、工作有挑战性、能发挥自身才能、工作自主性大、能提供培训机会、晋升机会多、专业对口、发展空间大等。这些因素都与个人发展有关，因此被称为发展因素。

2. 职业的保健因素

职业的保健因素包括工资高、福利好、职业稳定、工作环境舒适、交通便捷、生活方便等。这些因素都与福利待遇、生活质量有关，因此被称为保健因素。

3. 职业的声望因素

职业的声望因素包括单位知名度、单位规模、单位与职业的社会地位等。这些因素都与职业声望地位有关，因此被称为声望因素。

互动·小·空间 >>

一日，一个富翁在海边散步。他看见一个渔夫悠闲地躺在沙滩上晒太阳。于是富翁问道："你为什么不出海多打几船鱼呢？"渔夫懒懒地问道："我为什么要多打几船鱼呢？"富翁说："你每天多打几船鱼，多拿一些到市场上去卖，你就能挣更多的钱。"渔夫问："我挣更多的钱干什么呢？"富翁说："你挣更多的钱，就可以在海边盖间大屋子，然后躺在沙滩上晒太阳了啊。"渔夫说："可我现在不正在沙滩上晒太阳吗？"

富翁放眼未来，觉得应该趁年轻多做点事情，尽可能地积累更多的财富，年老的时候就可以尽情地享受生活；渔夫却觉得应该享受当下的快乐，现在拼死拼活地奋斗，最终也是为了享受生活。

说一说　每个人都有自己的价值追求，很难争论是非对错。那么，你呢？你持中立态度，还是支持谁的观点？说说你的理由吧！

（二）职业价值观的类型

职业指导专家埃德加·施恩（Edgar. H. Schein）创立了职业锚理论，其团队提出了8种基本的职业锚类型。

1. 技术型（职能型）

技术型（职能型）的人追求在职能领域的成长和技术的不断提高，对自己的认可源于自身的专业水平，喜欢面对专业领域的挑战，不喜欢从事管理工作，因为这意味着他们要放弃在技术领域的成就。

2. 管理型

管理型的人致力于工作晋升，倾心于全面管理，乐于跨部门整合他人成果和承担工作责任。具体的技术性工作仅仅被其看作通向更高、更全面管理层的必经之路。

3. 独立型（自主型）

独立型（自主型）的人希望随心所欲安排自己的工作方式和生活方式，追求最大限度摆脱组织的限制，倾心于能施展个人才华的工作环境。他们宁愿放弃自我提升与晋升的机会，也不愿放弃自由与独立。

4. 稳定型（安全型）

稳定型（安全型）的人追求工作安稳。他们因为可预测的成功而感到放松，关心退休金、退休计划等财务安全。

5. 创业型

创业型的人希望凭借自己的能力去创建自己的公司、产品或服务，愿意克服困难、承担风险。他们在公司工作的时候往往会保持学习心态以储备创业能力，一旦时机合适，便会自立门户。

6. 服务型

服务型的人致力于追求他们所认可的核心价值，如帮助他人、改善人们的生活、通过新产品消除疾病等。他们关注公共利益，希望通过所从事的职业实现服务社会的自我价值。

7. 挑战型

挑战型的人喜欢解决棘手的问题，克服更大的困难等。对于他们而言，工作的价值在于提供了一个平台让他们去挑战各种不可能，迎接各种新奇与变化。工作内容简单的话，反而会令他们厌烦。

8. 生活型

生活型的人倾向于能平衡个人需要、家庭需要、职业需要的工作环境和职业内容。工作并不是他们生命的全部，他们对于成功的定义也超越了职业成功这一狭隘范畴，因此更加重视职业环境的弹性程度以保障生活的惬意舒适。

（三）树立正确的职业价值观

个体应处理好以下几方面的关系，树立正确的职业价值观。

1. 处理好职业与金钱的关系

对于金钱的态度是职业价值观的重要内容。有些求职者会将金钱作为职业选择的首要因素，这固然没有问题，但须警惕金钱至上的陷阱。罔顾个人知识、能力与经验水平的现实，秉持一夜暴富、天上掉馅饼的观念是一种误区。青少年应当理性看待薪资待遇在职业选择中的地位，将眼光放长远一些，不能忽视自我成长和自我实现在职业发展中的重要作用。

2. 处理好职业与名望的关系

许多求职者看重职业所带来的名望，以合理、合法、公平、公正的方式追名逐利在一定程度上对个人进步、事业发展等都有益，对于名望的追求需要控制在合理的范围内，处理好职业与名望的关系，避免极端的物欲与功利心。

3. 处理好职业价值观的排序与取舍问题

个体会随着职业生涯的发展、社会环境的变化、个体需求的变化等不断调整自身的职业价值观。在这一过程中，无论持怎样的职业价值取向都应该遵循一个原则，即在社会的多元价值观冲击下保持独立思考，做出合理的价值排序并理性取舍，放弃"鱼和熊掌兼得"的幻想，瞄准职业理想，坚定心之所向，关注最重要的东西，避免掉进患得患失的旋涡。

▌职场·小·故事 >>

一个炎热的夏天，一群工人正在铁路上工作。远处一列火车缓缓驶来，在前面的站台停了下来。一位老人走下火车，冲着正在工作的一个工人喊道："老李，是你吗？"被称作老李的工人抬起头来，看了他一眼说："哦，局长，您来了啊。"两人聊起了天。

火车开走后，老李的同事立刻把他围了起来："原来你认识我们局长啊！"老李笑道："是啊，我们当年一起在这条铁路上抡铁锹呢！""咦，他是怎么当上局长的？这么厉害！"一个年轻的工人问道。

老李想了一会儿说："23年前我为工资而工作，而他是为这条铁路工作。"

活动与实践 »

第一步：仔细阅读舒伯的职业价值观量表，并在题目前分值一栏，填写1~5的数字，代表该选项对你而言的重要性。其中，1代表不重要，2代表不太重要，3代表重要，4代表很重要，5代表非常重要。

分值	序号	题目	分值	序号	题目
	1	能参与救灾济贫的工作		31	能减少别人的苦难
	2	能经常欣赏完美的艺术作品		32	能运用自己的鉴赏力
	3	能经常尝试新的构想		33	常需要构思新解决方法
	4	必须花精力去思考人生		34	必须不断解决新的难题
	5	在职责范围内享有充分的自由		35	能自行决定工作方式
	6	能经常看到自己的工作成果		36	能知道自己的工作绩效
	7	能在社会中扮演更重要的角色		37	能使自己觉得出人头地
	8	能知道他人如何处理事务		38	可以发挥自己的领导力
	9	收入能比相同条件的人高		39	可以存下很多钱
	10	能有稳定的收入		40	有好的保险和福利制度
	11	能有清净的工作场所		41	工作场所有现代化设备
	12	主管善解人意		42	主管采取民主管理方式
	13	能经常和同事一起休闲		43	和同事没有利益冲突
	14	能经常变换职务		44	可以经常交换工作场所
	15	能成为想成为的人		45	工作常让自己觉得如鱼得水
	16	能帮助贫困和不幸的人		46	常帮助他人解决困难

续表

分值	序号	题目	分值	序号	题目
	17	能增添社会的文化气息		47	能创作优美的作品
	18	可以自由地提出新颖的想法		48	常提出不同的处理方案
	19	必须不断学习才能胜任		49	须对事情深入分析研究
	20	工作不受他人干涉		50	可以自行调整工作进度
	21	常觉得自己的辛苦没有白费		51	工作结果得到他人肯定
	22	能使自己更有社会地位		52	能自豪地介绍自己的工作
	23	能够分配调整他人工作		53	能为团体制订工作计划
	24	能常常加薪		54	收入高于其他行业
	25	生病时能被妥善照顾		55	不会轻易被解雇或被裁员
	26	工作地点光线、通风好		56	工作场所整洁卫生
	27	有一个公正的主管		57	主管的学识和品行让你敬佩
	28	能与同事建立深厚友谊		58	能够认识很多风趣的伙伴
	29	工作性质常会发生变化		59	工作内容随时间变化
	30	能实现自己的理想		60	能充分发挥自己的专长

第二步：请计算相应得分并查看对应的职业价值观。

得分	对应题目	职业价值观	得分	对应题目	职业价值观
	1、16、31、46	利他主义		9、24、39、54	经济报酬
	2、17、32、47	美的追求		10、25、40、55	安全稳定
	3、18、33、48	创造发明		11、26、41、56	工作环境
	4、19、34、49	智力激发		12、27、42、57	上司关系
	5、20、35、50	独立自主		13、28、43、58	同事关系
	6、21、36、51	成就满足		14、29、44、59	多样变化
	7、22、37、52	声望地位		15、30、45、60	职业理想
	8、23、38、53	管理权力			

职场·小·练手 »

亲爱的同学，通过上面的学习，相信你对职业理想和职业价值观有了更加深入的了解。请思考与分享当前阶段你的职业理想和职业价值观是什么。

_____

_____

_____

_____

_____

职场·小·收获 »

亲爱的同学，请将你在本节课学习、活动中的收获、体会和成长记录下来吧！

_____

_____

_____

_____

_____

观察与思考 »

有一位探险家在沙漠中发现了一个小村庄，令他奇怪的是在此之前没有任何人说起过这个地方，而且这里的村民对沙漠之外的世界也一无所知。他问村民为什么不走出沙漠看一看，村民都回答走不出去。原来自从他们的祖先定居此地，每隔几年就有人试图走出沙漠，但不管朝哪一个方向行进，结果都一样：绕了个大圈之后，又回到了村里。

探险家感觉非常有趣，他走过无数地方，这样的情况还是头一次遇到。于是他做了一个实验——邀请村里的一位青年做向导，自己则收起先进仪器，跟在青年身后走进了沙漠。11 天之后，他们果然在绕了个大圈之后，又回到了村里！

尽管如此，探险家也已经明白是怎么回事了。他告诉了那位青年走出沙漠的办法："白天睡觉晚上走。但千万记住，一定要冲着北方天空最亮的那颗星星走，绝对不能改变方向！"

半信半疑的青年决定照着探险家的方法试一试。果然，只用了 3 个夜晚，他就走出了沙漠。原来，村民们之所以走不出沙漠，是因为他们不认识北斗星，没有朝着一个目标努力。

想一想　对于职业生涯发展而言，坚定一个目标有多重要呢？

素养加油站 »

夜空中的星星，以最遥远的向往，给行进中的人们以方向。但是，星光总归朦胧，除了仰望星空，人们还需要沿途中明确目标的指引，以此到达一个又一个正确的站点，最终通往星星所标记的终点。职业定向和职业目标，既是个体职业生涯发展追求的具体化，也是个体职业生涯发展实现的前提。

◆ 一、职业定向

职业定向从狭义上说，是个体职业类别与方向的确定过程，具体指尚未就业的青少年职业意识的形成这一环节。从广义上说，职业定向指个体为实现自己的职业理想而采取的行为活动的总和，涵盖获取信息、职业学习、就业入职、职业适应等环节，核心是选择什么样的职业，现实表现是努力学习该职业所需的知识、技能，积极做好就业准备。

（一）职业定向的途径

职业定向意味着个体要结合职业理想，根据职业价值观，在大致的从业方向上确立自己的目标职业与岗位。只有在了解自己和了解职业的基础上，个体才能够做出合理的职业定向。

1. 要了解自己

需要了解自己的价值观念、个性特点、掌握的技能、具备的能力、不足之处等。可以通过自我探索、请他人做评价、借助心理测验等充分了解自己。

2. 要了解职业

需要了解职业的工作内容、工作环境、技能要求、经验要求、知识要求、性格要求等。可以通过询问业内专家、参照业内成功人士、参考招聘网站信息等途径获取职业信息。

3. 要了解自身条件和职业要求的差距

需要仔细比较自身条件和职业要求的差距，根据自身条件权衡不同职业取向、发展方向的利弊得失，还要根据自身条件制定实现目标的方案。职业取向和发展方向确定之后，需要在求职面试与工作中采用适当的方式传达给面试官或者上司，以此获得职业入门和发展的机会。

（二）职业定向的原则

1. 选择自己喜爱的

兴趣与成功概率有着明显的正相关性。从事一项喜欢的工作，这项工作本身就能给个体一种成就感，个体的职业生涯也会因此变得妙趣横生。兴趣是最好的老师，是成功的关键。在确定所从事的职业时，请务必考虑自己的特长，珍惜自己的兴趣，选择自己喜爱的职业并投入其中。

2. 选择自己擅长的

任何职业都要求从业者掌握一定的技能，具备一定的能力，而一个人一生中擅长的技能种类有限，所以在进行职业选择时要择己所长，从而释放潜能、发挥优势。个体可以运用比较优势的方法充分分析自己在某项职业上的优劣之处，进而做出合理的职业定向。

3. 选择社会需要的

社会需求在不断变化，旧的需求不断消失，新的需求不断产生，其中包括新的职业需求和职业对新的素养能力的需求。所以在进行职业定向时，一定要分析社会需求。最重要的是，目光要长远，要能够预测未来行业或者职业发展方向。这不仅是社会对从业者的要求，也是个体职业生涯持续发展的要求。

4. 选择自己收益最大的

职业在满足个体谋生的基础上，为个体追求幸福生活奠定了基础。因此，应当在综合考虑收入、社会影响、职业付出以及预期可能获得的成就等多方面因素后，做出职业选择，以实现最佳的职业定向。

➥ 二、职业目标

"志不立，天下无可成之事。"纵观古今中外，各行各业的佼佼者都有一个共同点，即具有远大的志向。

职业目标即职业生涯发展目标，是个体在选定的职业领域内、在未来某个阶段或时刻所要实现的具体目标，可以指向职业能力、职业成就、职业回报等各方面的内容。

职业目标受职业理想的指导，并且支撑职业理想的一步步实现。两者的区别在于：职业理想更为远大，职业目标更为具体；职业理想更为广泛，是对职业生涯完整、全面的构想，包括事业成就、职业生活等各方面的内容，职业目标往往聚焦于某一时刻的成果或能力水平；职业理想决定了具体的职业目标，而职业目标的实现则在个体通往职业理想的道路上起到了里程碑的作用。

职场·小·故事 >>

> 一位哲学家问三名正在砌筑的工人："你们在干什么？"
>
> 第一名工人头也不抬地说："我在砌砖。"
>
> 第二名工人抬了抬头说："我在砌一堵墙。"
>
> 第三名工人热情洋溢、满怀憧憬地说："我在建造一座宫殿！"
>
> 听完回答，哲学家立马就对三名工人的未来进行了预测：
>
> 第一名工人眼中只有砖，他一辈子能把砖砌好就很不错了；第二名工人眼中有砖，心中有墙，好好干或许能当一位工长或技术员；唯有第三名工人必有大出息，因为他有"远见"，他的心中有一座宫殿。

（一）职业目标的类型

1. 按时间分类

职业目标按时间可以分为短期目标、中期目标、长期目标和人生目标。短期目标一般为1~3年，中期目标一般为3~5年，长期目标一般为5~10年，人生目标一般长达40年。

2. 按性质分类

职业目标按性质可分为外职业目标和内职业目标。外职业目标指侧重于职业过程的、外在的、可看得见的标记，主要包括工作内容、职务、工资待遇、工作环境和工作地点等方面的目标。外职业目标通常由他人决定、授予、给予，但也容易被他人否定、收回或剥夺。

内职业目标指在职业生涯规划中的知识、经验的积累，观念的转变，能力和素质的提高，以及成就感、价值感的获得等。内职业目标主要靠自己的努力获得，不随外职业目标的获得而自动达成，也不会随意丧失。青少年应当把关注点放在内职业目标上。

3. 其他分类

职业目标还可以分为概念性职业目标和操作性职业目标。概念性职业目标表达的是工作任务的性质、关键行为和全部的职业生活方式，操作性职业目标将概念性职业目标转换为一种具体的工作或岗位。

互动·小·空间 》

一位人力资源经理助理的职业目标		
	短期目标	长期目标
概念性目标	①承担人力资源管理的职责； ②学习人力资源的知识和技能； ③在任务中得到经理更多的认可与夸奖	①参与公司的人力资源战略规划活动； ②参与公司的长期发展规划； ③参与公司的政策制定与执行
操作性目标	2～3年成为公司的人力资源经理	6～8年成为公司的人力资源总监

说一说 该人力资源经理助理的职业目标有何特点，对你有何启发？

（二）职业目标的设定原则

在设定职业目标时，既要富有挑战意识，又要避免好高骛远，可遵循如下原则。

1. 长期性原则

设定职业目标时一定要着眼于大方向，长远考虑。我们的职业生涯一般都有三四十年的时间跨度，有些人甚至更长。

2. 可行性原则

设定职业目标时要从实际出发，综合考虑个人、社会和组织环境发展的需要，目标实现的现实性和可能性。目标不能定得太高，否则工作积极性可能会被打击。

3. 挑战性原则

设定的职业目标应该具有挑战性，这将起到激励作用，促使个体获得成就感和价值感。

4. 可界定性原则

对于某一特定职业目标的陈述要清晰、明确、具体，并且在一段时间内要集中于这一个目标。例如，要明确当前阶段的目标是装修房间这一整项工程，还是刷漆、修缮、买新家具、换墙纸、打扫卫生中的某一事项。

5. 持续性原则

职业的各个发展阶段应该是持续连贯的，因此职业目标的设定应当考虑职业发展的整个过程，要注意总目标与分目标的统一、具体目标与生涯目标的一致。

互动·小·空间 >>

> 一位乘客坐在出租车上看到旁边一辆空出租车违反交通规则了，抱怨说："空车还跑那么快，不出事才怪。"
>
> 正在驾驶的司机说："其实我们司机都说，就是因为空车，所以才容易出事！空车的司机因为急于找客人，总是东瞅西看，不能安心驾车，而我们载上了客人，心里踏实了，奔着目的地走就是了。"

说一说 这个故事给了你怎样的启发？

活动与实践 >>

请阅读目标制定的 SMART 原则，完成以下两项活动：①根据该原则评估自己的职业目标；②根据该原则与同伴互评职业目标。

SMART 原则

S（specific）：目标要清晰、明确，要用具体的语言清楚地说明要实现的行动目标。

M（measurable）：目标要可量化，是明确的而不是模糊的，要有一组数据作为衡量目标是否实现的依据。

A（attainable）：设定的目标要高，要有挑战性，但又必须是可以实现的。

R（relevant）：设定的目标要有现实性，要和自身的实际情况相关联。

T（time-bound）：设定的目标要有时限性，要在规定的时间内完成。

职场小·练手 >>

亲爱的同学，通过上面的学习，相信你对职业定向和职业目标有了一定了解。请给未来的自己写一封电子邮件，谈谈理想的职业方向，明确目标职业和工作岗位（最多不超过三个），并分别设定长期目标、中期目标、短期目标，最后将电子邮件发送给未来的自己。

_____

_____

_____

职场·小收获 >>

亲爱的同学，请将你在本节课学习、活动中的收获、体会和成长记录下来吧！

_____

_____

_____

██ 观察与思考 》

保险销售员的故事

一个同学想要在一年内赚 100 万元，于是问老师应该如何制订计划。

老师问他："你相不相信你能做到？"

他说："我相信！"

老师又问："那你知不知道未来要进入哪些行业才可能做到？"

他说："我计划从事保险行业。"

老师接着又问他："你认为保险行业能不能帮你实现这个目标？"

他说："只要我努力，就一定能实现。"

老师说："我们一起来看看，你要为自己的目标做出多大的努力。根据我们的提成比例，100 万元的佣金大概要做 300 万元的业绩。一年 300 万元的业绩，一个月就要做到 25 万元的业绩，一天就要做到 8300 元的业绩。为了做到这个业绩，你一天至少要拜访 50 个客户，一个月需要拜访 1500 个客户，一年需要拜访 18000 个客户。"

这时，这位同学已经有些愣住了。

老师接着问："请问你现在有没有 18000 个客户？"

他说："没有。"

老师说："如果没有的话，就要去拜访陌生客户。你与陌生客户平均要交谈上多长时间呢？"

他说："至少 20 分钟。"

老师说："每个客户要谈 20 分钟，一天要谈 50 个客户，也就是说你每天至少要花 16 小时在与客户交谈上，还不算路途时间。请问你能不能做到？"

他说："不能。老师，我懂了。目标不能凭空想象，需要凭借一个能履行的计划来制定和实现。"

⋯⋯ 想一想　　只有职业目标，不确定行动计划可以吗？

"凡事豫则立，不豫则废"，指的是做任何事情都要有所规划才能取得成功。求职和职业发展都是人生中的大事，需要长远谋划、充分准备，如此才可能在毕业后找到理想的工作，并以优良的岗位胜任力在职业生涯中取得长足发展。因此，青少年应该深刻意识到职业生涯规划的重要性，掌握职业生涯规划的方法，从而成就更好的自己。

一、职业生涯规划意识

（一）职业生涯

狭义的生涯是指与个体终生所从事的工作或职业有关的过程，即职业生涯。广义的生涯是由职业逐渐扩展到包含非职业的活动，也就是除了终生的事业外，还包含生活中的其他方面。以职业阶段为划分依据，生涯可分为职前生涯、职业生涯和职后生涯。

职业生涯一般指一个人一生经历的所有职业发展的历程，即一个人终生的工作经历。一般认为，职业生涯开始于任职前的职业学习和培训，终止于退休。

（二）职业生涯规划

职业生涯规划是指在测定与分析个体职业生涯发展的主客观条件基础上，对自己的兴趣、爱好、能力及特点进行综合权衡，结合时代特点，根据自己的职业倾向，确定最佳的职业奋斗目标，并为实现这一目标做出的行之有效行动计划。

正确理解职业生涯规划应注意以下三点：第一，职业生涯规划具有明显的个人化特征；第二，职业生涯规划是一个包含了生涯目标确定、生涯措施实施及生涯目标实现的长期过程；第三，职业生涯规划中的职业目标同日常工作目标有很大差异。

（三）职业生涯规划的意义

1. 帮助个体确立人生目标

规划能够帮助个体确立目标，促进自我管理。职业生涯规划能够促使个体将学习、工作有机地统一起来，更好地实施人生规划。

2. 帮助个体认识就业形势

职业生涯规划的主要内容包括了解职业，了解劳动力市场，以及了解当前的就业形势，让个体对所处的环境有一个清晰的认识，保持积极的心态，为将来就业做好准备。

3. 帮助个体做出正确的职业选择

个体通过职业生涯规划，认识自己、了解自己，正确设定职业发展目标，并合理制订行动计划，使自己的才能得到充分发挥，从而获得职业成就。

4. 帮助个体提升职业能力与职业素质

职业生涯规划能够促使求职者和在职者瞄准职业发展目标，有意识地逐步提升自我能力和素质，积极地应对学习与生活中的困难，系统地养成岗位胜任力。

5. 帮助个体抓住工作重点

职业生涯规划有助于个体按轻重缓急安排日常工作，紧紧抓住主线任务、重点工作，增加职业成功的概率。

职场·小·故事 >>

曾有人做了一个关于目标对人生影响的跟踪调查，调查对象是一群智力、学历和环境等条件都相仿的年轻人，调查结果如下。

3% 的人有清晰的长期目标，一直朝着同一个方向不懈地努力。25 年后，他们几乎都成了社会各界的顶尖成功人士，其中不乏创业者、行业领军人物和社会知名人士。

10% 的人有清晰的短期目标。他们的共同特点是不断完成预定的短期目标，生活状态逐步上升。25 年后，他们成了各行各业中不可或缺的专业人士。

60% 的人目标模糊，25 年后能安稳地生活与工作，但都没有什么特别突出的成绩。

其余 27% 是那些没有目标的人群，他们过得很不如意，常常失业，靠社会救济生活，并且常常抱怨他人、抱怨社会。

二、职业生涯规划方法

（一）职业生涯规划的突出特点

1. 生涯规划是有方向性的

生涯不是一个固定的点，而是有方向的。人生是一次漫长的自助旅行，需要我们做自己的导游，并在成长的路途中不断设定和调整目标，明确自己的方向。

2. 生涯规划是连续不断的

职业生活虽然不会占据我们的全部生命，但生涯发展却是连续不断的，贯穿青年、中年和老年时期，因此生涯规划也是连续不断的。

3. 生涯规划是独一无二的

我们可能和别人从事相同的职业，扮演相同的角色，但不同的人进入同一行业的经历不一样，且个体也在主动以自己的方式塑造自身独特的职业实践。

（二）职业生涯规划的制定步骤

1. 意识觉醒与建立

这是个体制定职业生涯规划的前提。在这个阶段，个体意识到职业生涯规划的重要意义并愿意规划未来的发展道路。在规划进行过程中，个体的意识会被逐渐激活，个体会得到许多新启示、总结更多新经验，从而指导下一个环节的进行。

2. 评估自我

这是个体制定职业生涯规划的基础。个体只有深刻认识生理自我、心理自我、理性自我、社会自我等，才能对自己的职业类别做出正确选择。如果在不了解自身的情况下盲目规划，那么所做的职业规划可能是不科学的，在实施过程中也可能会遇到很多困难，最终阻碍个人职业生涯发展。

3. 分析环境

这是个体制定职业生涯规划的必要条件。环境分析分为宏观环境分析和微观环境分析。宏观环境与每个人都相关，包括政法环境、经济环境、文化环境、科技环境、人口环境、自然环境等。微观环境要结合个体的专业与职业方向进行分析，包括企业、顾客、竞争者、公众等。

4. 确立职业目标

这是个体制定职业生涯规划的核心。职业目标可以指示前进的方向。目标可以根据时间设定，如短期目标、中期目标、长期目标；还可以根据类型设定，如学习目标、工作目标、人际交往目标等。

5. 实施策略与措施

这是个体职业生涯规划落实的保障。为实现职业目标需制订具体的行动计划，包括选择职业发展路径、安排学习计划、接受培训、进行岗位实习等。

6. 评估与反馈

这是个体职业生涯发展的推动力。评估内容包括个体观念、环境、机会、职业目标、策略与方法等。

（三）职业生涯规划的制定原则

1. 清晰性

职业生涯规划要清晰明了，有明确的意涵、方向及可测量的指标，不可模糊不清、逻辑混乱，否则在实施中将缺乏参考性与可操作性。

2. 可行性

职业生涯规划必须立足于自身实际情况，并结合外部环境需求来制定，不能停留在美好的幻想或者根本无法实现的层面，否则既费时费力又无益于自身发展。

3. 阶段性

职业生涯是有阶段性的，每个阶段侧重点不同，在制定规划时要循序渐进，并依据各阶段的特点设计发展任务，不可笼统概括，用一套模式贯穿始终。

4. 灵活性

未来涉及很多不确定因素，因此要随着外界环境和自身条件的变化及时调整规划方案，否则规划可能会制约个体发展。

5. 独特性

职业生涯规划没有完全统一的方式方法，因为每个人都是独立的个体，应该根据自己的个性特点与优势，制定属于自己的独特的职业生涯规划。

互动·小空间 »

首届全国大学生职业规划大赛基本信息		
举办时间	2023 年 9 月至 2024 年 5 月	
大赛主题	筑梦青春志在四方，规划启航职引未来	
面向学生的主体赛事内容	成长赛道	面向中低年级学生，考察其职业发展规划的科学性和围绕实现职业目标的成长过程，通过学习实践持续提升职业目标达成度，增强综合素质和能力
	就业赛道	面向高年级学生，考察其求职实战能力，个人发展路径与经济社会发展需要的适应度，就业能力与职业目标和岗位要求的契合度
成长赛道方案	参赛材料要求	生涯发展报告：介绍职业发展规划、实现职业目标的具体行动和成果（PDF 格式，不超过 1500 字，图表不超过 5 张）。生涯发展展示（PPT 格式，不超过 50MB；可加入视频）
	比赛环节	主题陈述（8 分钟）：选手结合生涯发展报告进行陈述和展示。评委提问（5 分钟）：评委结合选手陈述和现场表现进行提问。天降实习 offer（3 分钟）：用人单位根据选手表现，决定是否给出实习意向，并对选手作点评

说一说 同学们，你们了解全国大学生职业规划大赛吗？请上网搜索两大赛道具体方案和有关赛事信息与结果，并谈谈你的收获吧！

活动与实践 ≫

1. 教师将举办一场职业分享会，邀请本专业相关的专家分享职业发展现状、工作状况与岗位要求，同时邀请已毕业的在职的校友分享职业生涯规划制定过程、内容以及他们的求职经历。参加这场分享会，踊跃提问，并思考自己的职业生涯规划。

2. 完成采访任务。采访你的长辈或者身边的人，听一听他们对所从事职业的看法，并在访谈结束后写一写你的感想。访谈提纲可参考下面的案例。

人物访谈提纲

1. 您为什么选择这个职业？

2. 您的职业理想是什么？

3. 您的职业目标是什么？（短期目标、中期目标、长期目标）

4. 为了从事这个职业您做了哪些准备？

5. 从事这个职业需要哪些基本的知识、技能、素质？

6. 您主要做哪些具体工作？从事这个职业的人都是做这些工作吗？

7. 您对从事这个职业有什么看法？您喜欢这个职业的哪些方面？

8. 这个职业的工作条件怎么样？（工作环境、工作时间、特殊要求）

9. 从事这个职业的待遇怎么样？

10. 您认为这个职业的发展前景怎么样？

职场·小·练手 ≫

亲爱的同学，通过上面的学习，相信你对职业生涯规划有了一定了解，请瞄准你的职业目标，根据所学步骤与原则，制定一个初步的职业生涯规划吧！

_____

_____

_____

_____

_____

职场·小·收获 >>

亲爱的同学，请将你在本节课学习、活动中的收获、体会和成长记录下来吧！

_____

_____

_____

_____

_____

观察与思考 >>

部落中的一位老人正坐在一棵大树下面，一边乘凉，一边悠闲地编织着草帽。编完的草帽则被摆放成一排供游客们挑选购买。他编织的草帽造型别致、颜色鲜艳、十分精美，游客们纷纷驻足购买。

这时候一位精明的商人看到了老人编织的草帽。他想：这样精美的草帽如果运到国外，我敢保证一定能够卖个好价钱，至少能够获得十倍的利润吧。

于是，他不由激动地对老人说："这种草帽多少钱一顶呀？"

"十块钱一顶"，老人说完，冲他微笑了一下，继续编织着草帽。他闲适愉悦的神态，让人感觉他不是在工作，而是在享受这一劳动。

"天哪，如果我买 10 万顶草帽去国外销售的话，我一定会发大财的"，商人欣喜若狂。他对老人说，"假如我在你这里定做 1 万顶草帽的话，你每顶草帽给我优惠多少钱呀？"

他本来以为老人一定会高兴万分，可没想到老人却皱着眉头说："这样的话，那就要 20 元一顶了。"

"为什么？"商人冲着老人大叫。

老人讲出了他的道理："在这棵大树下没有负担地编织草帽，对我来说是种享受，可如果要我编织 1 万顶一模一样的草帽，我就不得不夜以继日地工作，不仅疲惫劳累，还有精神负担。难道你不该多付我些钱吗？"

想一想　老人热爱编草帽这个工作吗？他对两种工作状态表现出了怎样的态度？

素养加油站 >>

个体一旦入职，就完成了从求职者向职业人的转变。这一阶段，对所从事职业不认同、不喜欢、不满意的人，容易对工作抱有负面情绪，感受不到职业所带来的幸福和乐趣；对所从事职业具有高认同感的人，既会在工作中得到快乐，也会以积极的心态追求事业的成功。

❖ 一、职业选择

通过一系列笔试、面试，获得几份工作机会后，个体就要面临职业选择的问题了。职业选择是对潜在的就业机会在职业方向、职业类别、岗位类型等各方面的比较、挑选和确定，是人生的一种决策。职业选择是人们职业生活的正式开始，是人生道路的关键环节。

（一）职业选择的类型

从社会角度看，个体的职业选择可以分为以下几种类型。

1. 标准型

个体依次完成职业准备、职业选择、职业适应期，然后比较成功地进入职业稳定期。

2. 先期确定型

个体在职业准备期接受方向明确的职业、专业教育，并在准备期确定了自己的职业方向，有时教育培训单位还协助介绍对口的工作。

3. 反复型

个体完成职业选择、走上工作岗位后，不能顺利适应该职业，或者自己的职业期望值提高，导致再次或者多次进行职业选择。

（二）职业决策阶段

美国学者蒂德曼（Tiedman）在金兹伯格（E. Ginzberg）职业理论的基础上，提出了职业决策阶段的学说。蒂德曼把职业决策阶段分为期望与预后阶段、完成和调整阶段。

1. 期望与预后阶段

第一步，探索。考虑与自己的经验和能力有关的职业生涯发展目标。

第二步，确定。在上述基础上准备进行具体的定向。个体要确定职业生涯新方向的价值、目的。

第三步，选择。在生涯目标确定后做出决策，找到和确定自己所期望的具体职业。

第四步，澄清。进一步分析和考虑上述选择，消除可能产生的疑问。

2. 完成和调整阶段

第一步，就职。将职业选择付诸行动，得到一个新职位，即就职或入职。个体在这个时候开始对自己的职业生涯目标和走上的职业岗位寻求认可。

第二步，重新确定。开始工作之后，个体对于自己所从事的职业有了现实的、一定的了解和把握，这时就会出现对职业的自我感受。这也是职业生涯选择目标在现实化意义上的再次确定，或者现实化调整。

第三步，综合。个体完成了对自我的了解，在职业岗位上也被他人认可，逐步取得成功。

（三）职业选择的原则

1. 客观原则

从客观实际出发，是个体进行职业选择的首要原则。具体来说，主要需考虑以下三方面的实际情况。一是个体素质。要全面把握自身条件和发展潜力，客观评估自己能否胜任某个职业，从而选择更适合自己的职业或工作机会。二是社会需求。具体包括国家的宏观经济形势、产业结构发展趋势、意向职业的发展前景、目标岗位的未来人才需求等。三是基于现实的选择。当理想的就业意愿得不到满足时，就需要做出另外的职业选择，这时候应该选择与自己的理想职业接近的职业，继续接受教育培训，积累就业条件。

2. 主动原则

积极准备就业。主动参加就业培训，争取在就业前掌握一定的职业技能，为自己积累竞争优势。一是留心收集各种职业知识和用人信息。二是到职业介绍机构进行咨询，了解就业情况，寻找合适的就业机会。三是参加各种职业技能培训，为就业创造职业素质条件。四是准备好简历、求职信，做好应聘、面试形象等方面的准备，积极参加求职应聘。

主动谋业。一是主动与可能要招聘人员的单位进行联系，毛遂自荐。二是主动开拓就业岗位，自谋职业，自主创业，成就自己的事业。

3. 匹配原则

每个职业都有特定的工作内容、岗位规范和从业要求。每个求职者也都有自己的从业条件和个人意愿。个体的择业意愿，决定了其职业选择，但是个体的从业条件与职业要求相匹配才是至关重要的。

4. 主次原则

进行职业选择时，一般有多种标准和多条要求，其中有现实的内容，也有幻想的因素；有合理的意愿，也有过分的要求。当面对几个可能被录用的职业岗位时，个体要有主有次、有取有舍地评判每个工作机会的优劣，抓住主要条件、主要需求，抛弃面面俱到的想法，做出合理的选择。

➔ 二、职业认同

职业认同是个体逐渐从成长经验中找准自身在职业世界中的定位，将职业的价值、标准、期望与角色内化于个人的行为和自我概念之中。职业认同的核心是个体对所从事的职业持肯定性评价，认为所从事的职业是有价值、有意义的，愿意投身其中并能够从中获得乐趣。

（一）职业认同的重要性

保持较高的职业认同感对于从业者而言至关重要，且能产生以下积极作用。

1. 提高工作积极性

职业认同感较高的人乐于在这个职业的赛道上奋斗拼搏，期盼开创一番事业。他们积极投身工作，秉持乐观的心态、强大的意志力，能够克服各种困难，努力取得职业成就。

2. 提升工作满意度

职业认同感较高的人更容易对自己的工作环境、工作内容以及自身工作状态感到满意，更容易在工作中获得快乐。对于他们而言，工作不仅是谋生的手段，还是人生价值的实现方式。

3. 降低职业倦怠感

长期从事某种职业，在重复机械的工作中，人们会逐渐感到疲惫、厌倦、烦躁，这种不能应对工作压力的身心俱疲、情绪耗竭状态，就是职业倦怠。职业认同感较高的人职业倦怠感更低。

4. 降低工作流动性

职业认同感较高的人通常对该职业的前景以及自身的发展潜力持积极看法，或者由于对职业所具有的社会价值的强烈认可，因此更愿意在这个职业领域中持续耕耘，不容易频繁跳槽甚至更换职业。

（二）职业认同的结构

1. 职业认知

职业认知是指从业者对所从事职业的性质、功能、意义、要求、规范等的认识。例如，对教师职业持有职业认同，意味着了解教师职业，知道教师的使命、职责、工作内容、所需素养等。

2. 职业情感

职业情感是指从业者对所从事的职业所具有的稳定态度和体验。具有职业认同感的人对于所从事的职业持喜欢、热爱、引以为傲的情感态度，并且能够在职业活动中获得积极的情感体验；缺乏职业认同感的人对于所从事的职业持厌恶、轻视、否定的情感态度，并且在职业活动中常常感到烦躁、痛苦。

3. 职业意志

职业意志是指从业者克服从业过程中的各种困难和抵御各种有可能使其离弃该职业的力量的职业定力。具有职业认同感的人职业意志力更强，在职业实践中表现出更强的克服困难的毅力和坚持精神；缺乏职业认同感的人遇到挫折容易抱怨，时常怀疑自己所做出的职业选择的正确性。

（三）职业认同的自我培养

个体可以有意识地培养自我的职业认同感。

1. 主动了解职业

不喜欢一个职业可能是对该职业的了解还不充分，可以全面、深入、系统地了解一个职业的方方面面，并以此获得客观的认知，增强对该职业的认同感。

2. 主动向他人学习

一个职业中有许多优秀的专家、前辈，向他人学习，聆听他人的职业故事，有助于学习到行业专家、前辈对该职业的经验，以及他们对职业的热忱和坚守，从而唤醒自身对该职业的使命感。

3. 主动反思

对于工作中出现的负面情绪、倦怠心理等，需要主动反思，深入分析是职业的原因还是自身的原因，进而发现问题并有针对性地解决。

4. 强化正向的情感体验

不沉溺于工作带来的负面情绪，转而关注工作带来的满足感、成就感、价值感等积极的情感体验，以此强化该职业的正向情感体验，培养对该职业的喜爱之情。

职场·故事 >>

2016 年，由中央电视台出品的文物修复类纪录片——《我在故宫修文物》，一经播出，便广受好评。片中第一次完整呈现世界级的中国文物修复过程和技术，展现文物的原始状态和收藏状态；第一次近距离展现文物修复专家的内心世界和日常生活；第一次完整梳理中国文物修复的历史源流；第一次通过文物修复领域"庙堂"与"江湖"互动，展现传统中国四大阶层"士农工商"中唯一传承有序的"工"阶层的传承密码，以及他们的信仰与变革。

片中呈现的故宫文物修复匠人的语录，则体现了他们对自身职业的看法：

"择一事，终一生。"

"物其实跟人是一样的，你看，我们从过去最早的时候说，玉有六德，以玉比君子，玉就是一块石头，它有什么德性啊，但是中国人就能从上面看出德性来。所以中国人做一把椅子，就像在做一个人一样，他是用人的品格来要求这个椅子。中国古代人讲究格物，就是以自身来观物，又以物来观自身。所以我跟你说，故宫里的这些东西是有生命的。人在制物的过程中，总是想办法把自己融到里头去。人在这个世界中走了一趟，都想在世界中留点啥，觉得这样自己才有价值。

很多人都认为文物修复工作者是因为把这个文物修好了，所以他有价值，其实不见得。"

"干我们这一行，必须得坐得住。"

"干的时间长了，慢慢也就磨出来了，主要是你还得喜欢它，你要真坐不住，那你就改行呗。"

....

对自己所从事的职业是否认同，直接影响到个体的职业幸福感。认同自己职业的人，会全身心投入工作；不认同的人，可能仅把职业当作一种谋生手段。对教师职业缺乏认同的教师，能培养出优秀的学生吗？对航空航天事业缺乏认同的研究人员，能研制出神舟飞船吗？对医生职业缺乏认同的医生，能一片赤诚地治病救人吗？

活动与实践 >>

增强职业认同感需要发现职业的闪光点。现在班级将组建"职业夸夸群"，请同学们作为"职业夸夸群"的成员，对同伴的目标职业给予夸奖，说说该职业的价值和优点吧！

职场·小·练手 >>

亲爱的同学，通过上面的学习，相信你对职业选择和职业认同有了一定了解。请结合同学们对该职业的评价，分析你的目标职业的重要社会价值，并总结自己倾向于这一职业或岗位的原因，最后将其写入你的职业生涯规划中吧！

_____

_____

_____

_____

职场·小·收获 >>

亲爱的同学，请将你在本节课学习、活动中的收获、体会和成长记录下来吧！

_____

_____

_____

_____

_____

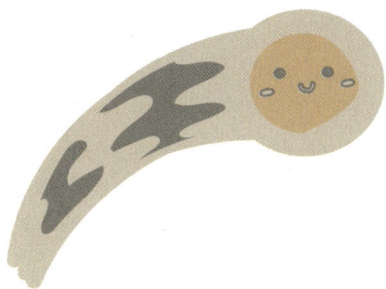

专题二 >> 职业人格教育

　　立业先立德，做事先做人。人格品质既关乎一个人能否胜任某一职业，也影响其职业生涯的发展。由于工作内容不同，不同职业一般有其更偏好的职业性格，并且要求从业者具有一定的职业道德和职业精神。具备良好职业品格的人，往往更能获得事业的成功。因此，作为一名中职生，我们要关注自我的职业性格，并有意识地培养自己的职业道德和职业精神。

观察与思考 »

　　DISC 是一种人员行为测评工具，主要用于招聘面试和人才选拔。其中，D 是 dominance，支配型，关注事并外向；I 是 influence，影响型，关注人并外向；S 是 steadiness，稳健型，关注人并内向；C 是 compliance，谨慎型，关注事并内向。

　　有人用 DISC 对《西游记》中这段故事里的人物形象进行了分析。

　　一心想吃唐僧肉的白骨精，见孙悟空不在，化作美丽的女子，想趁机掳走唐僧。八戒见了美丽的女子，使尽浑身解数搭讪，想讨人家欢心。正在此时，悟空化斋回来，见了白骨精抡棒就打。唐僧见状，立即喝止悟空。但悟空见了妖精岂能不打，一棒取了女子性命。唐僧急了眼，"好你个滥杀无辜的猴子"，立刻念起了紧箍咒。沙和尚见状，立刻向唐僧求情："师父，大师兄也是为了保护你，大师兄做得对呀。"唐僧虽宅心仁厚但坚持原则，他认为滥杀无辜必须惩处，便把孙悟空逐出了师门。悟空很伤心，一个筋斗云飞走了。沙和尚又追上来安抚："大师兄，师父撵你走，也是出于无奈，师父是有他的道理的。"

　　唐僧为何如此坚持原则，没有证据绝对不相信悟空的判断？

　　悟空为何不能屈服，非得直来直去见妖就打？

　　八戒为何见了异性就走不动道儿，非要讨人家欢心？

　　沙和尚为何既说师父做得对又说大师兄做得对，两头当好人？

想一想　你觉得师徒四人分别是 DISC 理论下的哪一类人。

　　（在这个故事里，唐僧属于 C 型人，孙悟空是 D 型人，猪八戒是 I 型人，沙和尚是 S 型人。）

素养加油站 »

　　包括兴趣、性格在内的人格特质不仅会在求职阶段影响个体的职业选择，而且会在个体入职后影响其对某一职业的热情与适应性。因此，借助一定的心理学测量工具，采用多种方法，明晰自己的喜好倾向、兴趣特长，获取更深入的自我认知，有助于制定更加科学与合理的职业生涯发展规划。

一、职业兴趣

（一）职业兴趣的内涵

职业兴趣是指人们对某种职业活动具有的比较稳定而持久的心理倾向。由于兴趣爱好不同，人们的职业兴趣也有很大差异。有人喜欢具体的工作，如室内装饰、美容、机械维修等；有人喜欢抽象的工作，如经济分析、新产品开发、社会调查等。职业兴趣对职业选择和职业发展都有一定的影响。

（二）如何培养职业兴趣

职业兴趣是可以培养的。虽然职业兴趣一旦形成，就具有一定的稳定性，但个体可以通过主动培养自己的职业兴趣，改善求职择业的状况。

1. 培养广泛的职业兴趣

青少年可以大胆尝试，多加接触，培养广泛的职业兴趣。具有广泛职业兴趣的人通常眼界比较开阔，在进行职业选择时有较大的空间。

2. 关注重点职业兴趣

兴趣需要有所侧重，否则就难以找到明确的职业方向。因此，青少年应将更多时间和精力放在某一两种职业兴趣上，从而实现职业兴趣的重点培养，促进重点领域的自我认知发展与能力发展。

3. 保持职业兴趣稳定

青少年在培养职业兴趣时，要持之以恒，即持续地投入其中，并将兴趣发展成特长。此外，还要客观评估自身在某个职业上的能力。有能力作为底气的职业兴趣才是最持久、最稳定的。

4. 积极参加职业实践活动

青少年应积极参加生产实习、社会调查、参观访问、竞赛比赛等职业实践活动，深入工作场所和真实情境，知行合一，在实践中培养与发展自己的职业兴趣。

二、职业性格

（一）霍兰德职业兴趣理论

约翰·霍兰德（John Holland）是著名的职业指导专家，提出了具有广泛社会影响的职业兴趣理论。霍兰德认为，职业选择是人格的一种表现，某一类型的职业通常会吸引具有相同人格特质的人，这种人格特质反映在职业上，就是职业兴趣。

霍兰德将人的职业兴趣归纳为六种类型，即社会型（S）、企业型（E）、常规型（C）、现实型（R）、研究型（I）和艺术型（A），同时他也将社会上的职业归纳为以下六种类型。

1. 社会型

共同特征：喜欢与人交往，不断结交新的朋友，善言谈，愿意教导别人；关心社会问题，渴望发挥自己的社会作用；寻求广泛的人际关系，比较看重社会义务和社会道德。

典型职业：倾向于与人打交道、能够不断结交新朋友的工作，适合提供信息、帮助、培训、开发或治疗等的职业，如教育工作者、社会工作者。

2. 企业型

共同特征：追求权力、权威和物质财富，具有领导才能；喜欢竞争，敢于冒险，有野心，有抱负；为人务实，习惯以利益得失、权力、地位、金钱等来衡量做事的价值，做事有较强的目的性。

典型职业：倾向于要求具备经营、管理、劝服、监督和领导才能，以实现政治、社会及经济目标的工作，并具备相应的能力，如项目经理、销售人员、政府官员、企业管理者、法官、律师。

3. 常规型

共同特征：尊重权威和规章制度，喜欢按计划办事、细心、有条理，习惯接受他人的指挥和领导，自己不谋求领导职务；喜欢关注实际情况和细节，通常较为谨慎和保守，缺乏创造性，不喜欢冒险和竞争，富有自我牺牲精神。

典型职业：倾向于要求注意细节、精确度、有条理，强调记录、归档、根据特定要求或程序组织数据和文字的职业，如秘书、办公室人员、记事员、会计、行政助理、图书馆管理员、出纳员、投资分析员。

4. 现实型

共同特征：愿意使用工具从事操作性工作，动手能力强，做事手脚灵活，动作协调；偏好于具体任务，不善言辞，做事保守，较为谦虚；缺乏社交能力，通常喜欢独立做事。

典型职业：倾向于运用工具与机器、需要基本操作技能的职业，如计算机硬件人员、摄影师、制图员、机械装配工、木匠、厨师、技工、修理工。

5. 研究型

共同特征：思想家而非实干家，抽象思维能力强，求知欲强，善思考；喜欢独立的和富有创造性的工作；知识渊博，有学识才能，不善于领导他人；考虑问题理性，喜欢逻辑分析和推理，不断探讨未知的领域。

典型职业：喜欢智力的、抽象的、分析的、独立的定向任务，倾向于对智力或分析才能有一定要求，并将其用于观察、估测、形成理论、最终解决问题的职业，如科学研究人员、教师、工程师、电脑编程人员、医生。

6. 艺术型

共同特征：有创造力，乐于创造新颖的成果，渴望表现自己的个性、实现自身的价值；做事理想化，追求完美，不重实际；具有一定的艺术才能和个性；善于表达。

典型职业：喜欢要求艺术修养、创造力、表达能力和直觉，并通过语言、行为、声音、形式等进行审美呈现的职业，如演员、导演、艺术设计师、雕刻家、建筑师、广告制作人、歌唱家、作曲家、乐队指挥、小说家、诗人、剧作家。

大多数人并非只有一种职业兴趣取向，比如一个人很有可能同时具有社会型、现实型和研究型三种职业兴趣取向。一个人的几种职业兴趣取向越相似、相容性越强，在选择职业时所面临的内在冲突和犹豫就越少。

职场·小·故事 >>

测测你的职业兴趣

霍兰德职业兴趣理论是目前世界上著名的职业规划理论之一，在世界各国的职业测试中被普遍应用。

测试目的：通过选择岛屿，发现自己喜欢和不喜欢的职业内容，探索自己的职业兴趣，帮助自己思考职业方向。

测试题目：我们先来参观以下六座神奇的职业兴趣岛。

R岛——自然原始岛。

岛上保留着热带的原始植物，自然生态保持得很好，也有相当规模的动物园、植物园、水族馆。岛上居民以手工见长，自己种植瓜果蔬菜、修缮房屋、打造器物、制作工具。

I岛——深思冥想岛。

这个岛平畴绿野，人少僻静，适合夜观星象。岛上有很多天文馆、科技博物馆、科学图书馆。岛上居民喜好沉思、钻研学问、探究真知，喜欢和来自各地的哲学家、科学家讨论学术问题、交流思想。

A岛——美丽浪漫岛。

这个岛上到处是美术馆、音乐厅，弥漫着浓厚的艺术文化气息。岛上居民热爱舞蹈、音乐与绘画，许多文艺界人士都喜欢来这里开沙龙派对，寻找灵感。

S岛——温暖友善岛。

岛上的居民性情温和、十分友善、乐于助人，社区均自成一个密切互动的服务网络，人们多互助合作，重视教育，弦歌不辍，充满人文气息。

E岛——显赫富庶岛。

岛上居民热情豪爽，善于企业经营和贸易。岛上的经济高度发达，随处可见高级饭店、俱乐部、高尔夫球场。岛上往来者多是企业家、经理人、政治家、律师等，他们在岛上享受着高品质的生活。

C岛——现代井然岛。

处处矗立着的现代建筑标志着这是一个进步的、呈现都市形态的岛屿。岛上的户政管理、物业管理及金融管理都十分完善。岛上居民个性冷静保守，办事井井有条。

如果必须在六座岛屿中的一座上生活一辈子，你首先会选择哪一座岛屿？如果这座岛屿不能容纳更多的人，你会选择其他的哪座岛屿？你的第三选择呢？

霍兰德职业索引

（二）MBTI性格理论

迈尔斯－布里格斯类型指标（Myers-Briggs Type Indicator，MBTI）是一种性格评估工具，用以衡量和描述人们在获取信息、做出决策、对待生活等方面的心理活动规律和性格类型。它以瑞士心理学家荣格（Carl G. Jung）的性格理论为基础，主要应用于职业发展、职业咨询、团队建设、婚姻教育等方面，是目前国际上应用较广的人才甄别工具。

1. 维度与指标

MBTI性格理论显示了人与人之间的差异。这些差异源于四个方面：注意力方向、认知方式、判断方式、生活方式。每个维度都有两个方向，每个人的性格都会落在标尺的某个点上，从而构成了MBTI性格理论的指标。（见表2-1）

表2-1　MBTI维度与指标

维度	类型	对应类型英文	类型	对应类型英文
注意力方向（精力来源）	外倾	E（extrovert）	内倾	I（introvert）
认知方式（如何搜集信息）	实感	S（sensing）	直觉	N（intuition）
判断方式（如何做决定）	理智	T（thinking）	情感	F（feeling）
生活方式（如何应对外部世界）	判断	J（judgment）	知觉	P（perceiving）

2. 指标内涵

一是注意力方向，E-I 维度。（见表 2-2）

表 2-2　E-I 维度指标内涵

外倾：E（extrovert）	内倾：I（introvert）
注意力和精力主要指向外部世界的人和事，从与他人的交往和行动中得到活力	注意力和精力集中于自己的内心世界，从对思想、回忆和情感的反思中得到活力
①关注外部环境 ②喜欢用谈话的方式进行沟通 ③通过谈话形成自己的意见 ④用实际操作或讨论的方式能学得更好 ⑤兴趣广泛 ⑥好与人交往，善于表达 ⑦先行动，后思考 ⑧在工作和人际关系中都很积极主动	①关注自己的内心世界 ②更愿意用书面方式进行沟通 ③通过思考形成自己的意见 ④用思考在脑中"练习"的方式能学得更好 ⑤兴趣专一 ⑥安静而显得内向 ⑦先思考，后行动 ⑧当情境或事件有重要意义时会主动

二是认知方式，S-N 维度。（见表 2-3）

表 2-3　S-N 维度指标内涵

实感：S（sensing）	直觉：N（intuition）
用自己的感官来获取信息。喜欢收集实实在在的、确实已出现的信息。对于周围发生的事件观察入微，特别关注现实	通过想象、无意识等超越感觉的方式来获取信息。喜欢观察事件的全貌，关注事实之间的关联。想要抓住事件的模式，善于看到新的可能性
①着眼于当前的实际情况 ②现实、具体 ③关注真实的、实际存在的事物 ④观察敏锐，并能记住细节 ⑤经过仔细周详的推理一步步得出结论 ⑥通过实际运用来理解抽象的思维和理论 ⑦相信自己的经验	①着眼于未来的可能 ②富于想象力和创造性 ③关注数据所代表的模式和意义 ④当细节与某一模式相关时才能够记住 ⑤凭直觉很快得出结论 ⑥希望在应用理论之前先能对之进行澄清 ⑦相信自己的灵感

三是判断方式，T-F维度。（见表2-4）

表2-4　T-F维度指标内涵

理智：T（thinking）	情感：F（feeling）
通过分析某一行动或选择的逻辑后果来做出决定。会将自己从情境中分离出来，对事件的正反两方面进行客观的分析。从分析和解决问题中获得活力。目标是要找到一个能应用于所有相似情境的标准或原则	喜欢考虑对自己和他人来说什么是重要的。会在头脑中将自己放在情境所涉及的所有人的位置上并试图理解他人的感受，然后根据自己的价值判断做出决定。从对他人的赞赏和支持中获得活力。目标是创造和谐的氛围，把每一个人都当作独特的个体来对待
①好分析的 ②运用因果推理 ③以逻辑的方式解决问题 ④寻求一个合乎真理的客观标准 ⑤爱讲理的 ⑥可能显得不近人情 ⑦公平意味着每个人都能得到平等的待遇	①善于体贴他人、感同身受 ②受个人价值观引导 ③衡量做出的决定对他人产生的后果和影响 ④寻求和谐的气氛和积极的人际交往 ⑤富于同情心 ⑥可能显得心肠太软 ⑦公平意味着每个人都被作为独特的个体来对待

四是生活方式，J-P维度。（见表2-5）

表2-5　J-P维度指标内涵

判断：J（judgment）	知觉：P（perceiving）
喜欢将事情管理得井井有条，过一种有计划的、井然有序的生活。喜欢做出的决定完成后，再继续下面的工作。生活通常会比较有规划、有秩序，喜欢把事情敲定后，按照计划和日程办事，并从完成任务中获得能量	喜欢以一种灵活、自发的方式生活，更愿意去体验和理解生活而不是去控制它。详细的计划或最后决定会使他们感到被束缚。愿意对新的信息和选择保持开放的态度。善于调节自己以适应当前场合的需要，并从中获得能量
①有计划的 ②喜欢组织管理自己的生活 ③有系统、有计划 ④按部就班 ⑤喜欢制订短期和长期计划 ⑥喜欢把事情落实敲定 ⑦力图避免最后一分钟才做决定或完成任务的压力	①自发的 ②灵活 ③随意 ④开放 ⑤适应，改变方向 ⑥不喜欢把事情确定下来，以留有改变的可能性 ⑦最后一分钟的压力会使他们感到精力充沛

3. 性格类型

MBTI 性格理论的四个维度、八个方面两两组合，可以构成 16 种性格类型。每一种性格类型都有详细的解释以及适合的职业类型、工作风格等，可以帮助人们建立起关于自己性格与职业之间的联系。（见表 2-6）

表 2-6　MBTI 16 种性格类型与对应的职业

ISTJ 内倾—实感—理智—判断 稽查员	ISFJ 内倾—实感—情感—判断 保护者	INFJ 内倾—直觉—情感—判断 咨询师	INFP 内倾—直觉—情感—知觉 治疗师、导师
ESTJ 外倾—实感—理智—判断 督导者	ESFJ 外倾—实感—情感—判断 供给者、销售员	ENFJ 外倾—直觉—情感—判断 教师	ENFP 外倾—直觉—情感—知觉 倡导者、激发者
ISTP 内倾—实感—理智—知觉 操作者、演奏者	ISFP 内倾—实感—情感—知觉 作曲家、艺术家	INTJ 内倾—直觉—理智—判断 智多星、科学家	INTP 内倾—直觉—理智—知觉 建筑师、设计师
ESTP 外倾—实感—理智—知觉 发起者、创设者	ESFP 外倾—实感—情感—知觉 表演者、演示者	ENTJ 外倾—直觉—理智—判断 统帅、调度者	ENTP 外倾—直觉—理智—知觉 企业家、发明家

活动与实践 >>

请你在网上查找资源，完成 MBTI 性格测试，获得关于自身性格类型的报告，然后与伙伴交流各自的 MBTI 性格吧！

职场·小练手 »

亲爱的同学，通过上面的学习，相信你对职业性格有了一定的了解，请结合自我认知以及心理测试的结果，分析总结自己的职业性格，并将其写入自己的职业生涯规划中。

内容包括"我"的职业性格是……"我"适合的职业是……

_____

_____

_____

_____

_____

职场·小收获 »

亲爱的同学，请将你在本节课学习、活动中的收获、体会和成长记录下来吧！

_____

_____

_____

_____

_____

观察与思考 »

　　一家软件公司招聘程序员，待遇非常丰厚，求职者纷至沓来。小李原来是一家网络公司的程序员，因公司效益不好失业了。他也在求职队伍之中。小李对自己的技术能力信心满满，笔试也轻松过关了。当他来到最后的面试环节时，技术主管突然发问："听说你原来就职的公司开发出了一项网络维护的软件包，你是否参与了该项目的研发工作？"小李愣了一下，回答说："参加了。"主管接着问："你能把这项技术的核心内容介绍一下吗？"

　　小李确实参与了整个研发过程，回答这个问题并不难。但此时，他有些犹豫，因为摸不准技术主管的意图——他是在考我的技术，还是想打探这项技术的秘密呢？

　　技术主管见小李没有立刻回答，又接着问道："如果你加入我们公司，多长时间能为我们开发出一样的软件？"显然，技术主管是想掌握这个技术。说还是不说，此时的小李显得十分纠结。不说的话，自己肯定会丢掉这次机会；但是说的话，他觉得心里似乎有个坎过不去。

　　"虽然原公司效益不好，我也失去了工作，但是这项技术是公司花费了整整2年时间才开发出来的，是我和原来的同事夜以继日，拼命努力，可谓付出了很多才得到的成果。现在它还没有上市，公司还在惨淡经营，指望利用这项技术获得新的发展机会，打个翻身仗。如果自己现在把这项技术透露出去，原公司最后一点希望也没有了，那些同事的努力也将付诸东流！我不能这么干！"想到这里，小李似乎拿定了主意。我怎能为了自己的饭碗而砸了大家的饭碗呢！他毅然站起来，说："对不起，我不能回答这个问题，如果贵公司为此而让我获得这个工作机会，我宁愿放弃。"

　　说完，他起身离开了考场。接下来的日子里，小李已经忘记了这段面试的经历。然而，在半个月后的一天，他突然接到该公司人事部门的通知——他被录用了。他被告知：那只是一项考试内容，他的行为已经交了一份令人满意的答卷。

想一想　　小李表现出了哪些职业道德？

素养加油站 》》

《新时代公民道德建设实施纲要》指出，要把社会公德、职业道德、家庭美德、个人品德建设作为着力点。推动践行以文明礼貌、助人为乐、爱护公物、保护环境、遵纪守法为主要内容的社会公德，鼓励人们在社会上做一个好公民；推动践行以爱岗敬业、诚实守信、办事公道、热情服务、奉献社会为主要内容的职业道德，鼓励人们在工作中做一个好建设者；推动践行以尊老爱幼、男女平等、夫妻和睦、勤俭持家、邻里互助为主要内容的家庭美德，鼓励人们在家庭里做一个好成员；推动践行以爱国奉献、明礼遵规、勤劳善良、宽厚正直、自强自律为主要内容的个人品德，鼓励人们在日常生活中养成好品行。

职业道德是人们在职业生活中应遵循的伦理要求、行为准则，是一般社会道德在职业生活中的具体体现。职业道德包括两方面的内容：一是从业者在职业活动中处理各种关系的行为准则，二是评价从业者职业行为的标准。每种职业都有本职业的职业道德，如医护人员要遵守"救死扶伤、治病救人"的职业道德，教师要遵守"为人师表、教书育人"的职业道德，等等。

一个人能否胜任岗位工作并获得职业生涯的可持续发展，既取决于个人的专业知识与技能水平，也取决于个人的职业道德素养。因此，青少年应当认识到职业道德的重要性，不断提升自己的职业道德素养，这既是社会对个体的要求，也是个人成长和职业发展的内在需要。

➤ 一、诚信

"诚"即诚实、诚恳，"信"即信用、信任，"诚"更多指"内诚于心"，"信"则侧重于"外信于人"。"诚信"即"诚实守信"。诚实就是表里如一，说老实话，办老实事，做老实人；守信就是信守诺言，讲信誉，重信用，忠实履行自己应该承担的义务。诚实守信是各行各业的行为准则，也是做人做事的基本准则，是社会主义最基本的道德规范之一。

（一）诚信的价值

从个人成长角度讲，诚信是立身之本。一个人要想获得他人的信任与尊重，就一定要讲诚信；不讲诚信，就难以得到他人的信任，也就无法正常地进行活动，在社会中生存与发展将遭遇重重困难。

从企业发展角度讲，诚信是立业之本。诚信关乎企业的兴衰，讲诚信、重信誉，则能得到客户的支持，从而推动自身的长远发展；不讲诚信则会影响口碑，损害形象，一步步失去客户，以致难以维系自身发展。

从社会和谐角度讲，诚信是立国之本。一个讲诚信的社会，人与人之间的相处会更加和谐，社会的运转会更加高效、顺畅，整个国家也将更加欣欣向荣。

在职业生活中，恪守诚信，对员工而言具有如下积极意义。

1. 诚信是谋得职位的基本条件

诚信不仅是对一个社会人的基本要求，也是求职者谋得职位的基本条件。在招聘过程中，许多企业都会关注求职者的道德素养，其中一些职业将诚信作为重要的考察内容。

2. 诚信是获得事业成功的现实需要

成就一番事业，不仅需要机遇、知识、能力等，也取决于工作态度、品德、价值观等，其中，诚信是重要的因素。一个诚信的人，更容易获得领导的青睐、客户的信任，从而走向事业的成功。

3. 诚信是取得美好职业生活的必然要求

职业生活除了要争取事业的成功，生活本身的美好也应是我们的追求。而要获得美好的职业生活，讲诚信是必然要求。讲诚信的人才能与同事和谐相处，获得同事的信任和喜爱。

（二）如何践行诚信的职业道德

1. 对企业诚信，不弄虚作假

从业者恪守诚信的职业道德，意味着要遵守工作纪律，保证工作成果的真实性，向上级领导传达的信息、所填写的工作数据、所递交的报告材料、所交付的事项与实际一致，不存在故意弄虚作假的情况。

2. 对客户诚信，不坑蒙拐骗

从业者还应对客户保持诚信，无论是在销售环节、在过程服务环节，还是在后续环节，都应秉持基本的诚信原则，保证售出产品的质量，兑现对客户的诺言，保障客户的基本权益，维护企业的良好形象。

3. 对社会诚信，不违规违纪

从业者的职业活动不仅代表了企业的形象，也代表了整个行业队伍的形象，如会计、快递员、法律工作者、新闻工作者等职业，都对诚实守信有着极高的要求。从业者应当遵守职业道德，在大是大非面前坚守底线、保持诚信，以社会利益和公众利益为重，尊重事实，坚守正义，不做违规违纪之事。

职场·小·故事 >>

有一个士兵，跑步很慢，每次集训跑步的时候，他都远远地落在后面。在一次越野集训中，他又远远地落在了最后。他来到一个岔路口，面前有一条平坦的大道，标明是军官专用，另外一条泥泞的小径，标着士兵专用。他停顿了一下，朝着士兵专用的小径跑去，虽然心里也对军官跑大路，士兵跑小路不满，但是他仍然坚守诚信，没有跑军官专用的大路。没想到那条小径很短，很快他就到达了目的地。在场的军官，宣布他是第一个到达终点的。他难以置信，明明他跑在最后，却第一个到达了终点。

几小时后，大部队终于来了，他们得知居然是他得了第一，都非常奇怪。这时，一个军官提醒大家：还记得插着标牌的岔路口吗？所有人顿时醒悟。

> **二、守纪**

守纪即遵守职业纪律。一般来说，职业纪律是指在特定的职业活动范围内，从事某种职业的人们所必须共同接受、共同遵守的行为规范。它是职业道德的系统化和规范化，通常通过规章制度、守则、条例、合同、行业规定等形式表现出来。

职业纪律是职业道德的底线，一经形成就具有非常大的权威性和约束力。违反职业纪律将会受到处罚，甚至会被追究法律责任。因此，权威性、规定性、强制性成为职业纪律的三大特点。

（一）守纪的内容

因性质、特点不同，不同的职业具有不同的职业纪律，但也存在共同的一般性要求。

1. 遵守组织纪律

遵守组织纪律是指要服从命令、听从指挥，遵守下级服从上级、个人服从组织、局部服从全局的纪律规定。

2. 遵守劳动纪律

遵守劳动纪律是指要遵守劳动秩序、工作规程、作息制度和与劳动相关的一切规章制度。劳动纪律是基本的职业纪律，如各企业都针对迟到早退、请假休假等制定了相应的规章制度。

3. 遵守群众纪律

遵守群众纪律是指在职业活动中维护群众利益不受损害的行为规范，其包括两层含义：一是在职业活动中维护广大群众的根本利益，这是广义的遵守群众纪律；二是对服务对象的态度和作风方面的规范，这是狭义的遵守群众纪律。

4. 遵守财经纪律

遵守财经纪律是指财务人员或其他职业人员在经济活动中必须遵循的行为规范。财务人员不得利用职务之便贪污盗窃、假公济私、从中谋利。

5. 遵守保密纪律

遵守保密纪律是指在职业活动中遵守企业的保密规定，尤其要遵守国家和行业的保密法规，正确划分和标识涉密信息和资料，按照权限查阅、使用、传递、存储、销毁涉密信息和资料，绝不泄露、出卖、倒卖、窃取、破坏涉密信息和资料。

（二）践行守纪的职业道德

在现实社会中，个别从业者沾染了自由散漫的不良习气，将遵守职业制度和职业纪律挂在嘴上、抄在本上、装进包里，但就是不能深入心里、落实到行动中去。踏实践行守纪的职业道德，可以从以下几个方面做起。

1. 学习岗位规则

岗位规则是针对岗位设置的规章、规定和管理办法，是从业者开展岗位活动时必须遵守的行为规范。认真学习岗位规则有助于从业者理解岗位使命，完整、准确、细致地把握规则、落实规则。

2. 执行操作规程

在实际工作中，从业者务必牢记操作规程、演练操作规程、坚持按照操作规程办事。操作规程、工作流程是经过科学设计和实践检验的必须遵守的工作程序，是从业活动和从业实践的精华，是必须掌握的工作步骤和技术要领。

3. 遵守行业规范

行业规范集中了本行业的长期实践经验，是经过科学总结、梳理，形成的一整套反映本行业职业特点、规律和内在要求的规范。从业者要熟悉行业规范、理解行业规范、遵守行业规范，否则，不仅难以做好本职工作，而且可能导致失职、渎职现象的发生。

4. 严守法律法规

从业者要严格遵守国家法律法规。参与市场活动的企业，同时也是社会的组成部分，必须在法律的框架内开展经营活动。每一个从业者都要恪守法律法规。

职场·小·故事 >>

规范操作和诚信经营是所有企业都必须严格遵守的基本原则。作为某银行风险控制部门的负责人，小张始终坚信，只有严格遵守行业规范，才能确保银行业务的稳健运行和客户的资金安全。

在日常工作中，小张严格遵守国家法律法规和银行内部规章制度，对每一项业务都进行严格的审核和把关。他要求部门员工对客户的身份信息认真核实，确保客户信息的真实性和完整性。同时，他还加强对高风险业务的监控和评估，及时发现并处理潜在的风险点。

有一次，银行接到了一个看似很有吸引力的贷款项目，但在审核过程中，小张发现该项目存在较大的风险隐患。他果断地拒绝了该项目，并向高层领导详细地说明了原因，成功地规避了风险。

由于在风险控制方面表现出色，小张多次被银行内部评为优秀员工，并获得了业界的广泛赞誉。在一次金融峰会上，他更是被授予了"金融行业诚信经营典范"的荣誉称号，以表彰他在遵守行业规范方面的突出贡献。

▌活动与实践 >>

1. 请同学们分小组完成如下活动：两人一组，同向站立，前面的人向后倾倒，后面的人给予支撑。思考：如果你是前面的人，你敢向后倾倒吗，为什么？如果可以选择，你最想选谁作为游戏伙伴，为什么？

2. 请同学们在班级范围内推选诚信之星、守纪之星，并说出推选理由。

▌职场·小·练手 >>

亲爱的同学，通过上面的学习，相信你对职业道德有了一定的了解。请你通过回答以下两个问题，完成目标职业和岗位的职业道德分析，并继续完善自己的职业生涯规划。

1. 你的目标职业和岗位要求遵守哪些职业道德？

2. 你是否具备这些职业道德？

_____

_____

_____

_____

_____

职场·小收获 »

亲爱的同学，请将你在本节课学习、活动中的收获、体会和成长记录下来吧！

_____

_____

_____

_____

_____

传奇校长张桂梅和 1804 个女孩的故事

"我生来就是高山而非溪流，我欲于群峰之巅俯视平庸的沟壑，我生来就是人杰而非草芥，我站在伟人之肩藐视卑微的懦夫！"很难想象，这样一段豪情万丈的口号，出自一所地处偏远的女子高中——云南省丽江华坪女子高级中学。

2002 年，作为一名普通的山区教师，孑然一身、无儿无女的她立下了这样的誓言："我想建一所免费的女子高中，让这些山里的女孩们读书，让她们走出大山……"

为了建起这所学校，她曾四处筹款。为了让贫困家庭的女孩走进学校，她一次次翻山越岭，挨家挨户做工作。为了让她们考出好成绩，她每天早上 5 点起，快凌晨 1 点才躺下。在这整整 12 年的时间里，1804 个可能辍学的贫困女孩，因她走出了大山，走进了大学校门。

张桂梅，并非超人。20 多年前，在人生最灰暗最艰难的时刻，她也曾万念俱灰。1995 年，张桂梅的丈夫因为患上胃癌离开人世。万分悲痛的张桂梅，不愿意在大理继续待下去。处理完丈夫的后事，她孑身一人离开大理，前往位于深度贫困山区的华坪县中心中学。

张桂梅向学校申请带四个初三毕业班，将所有精力都投入教学中。本以为这样能让自己忘记痛苦，然而，短短一年多之后，命运又一次给予她暴击。一次医院检查时，医生说，你肚子里有个肿瘤，已经像 5 个月的胎儿那么大。曾经万念俱灰不想活下去的张桂梅，此刻，内心却无比坚定："孩子们要中考了，我必须活着！"当时，偌大的肿瘤压得张桂梅的腹腔器官都移了位，可她硬是撑了三个月，等孩子们中考完才选择手术。

对于华坪县老百姓想要为她捐款的温暖举动，张桂梅说："我没给这个县城做过什么贡献，我愧对这片大山，我一定为这块土地做事！"当创办免费女子高中遇到资金困难，许多人劝她再等等时，她说："我们等得起，孩子们等不起。"她还找到了办好女高的思路："我们的初心是什么，就是通过教育改变大山女孩的命运，进而改变三代人的命运，改变一方水土贫穷落后的命运，这不仅是为人师者的初心，更是一位共产党人的初心。"

想一想 你知道张桂梅校长的故事吗？说一说你的感想。

素养加油站 >>

职业道德是从业者必须遵守的底线，职业精神则是从业者超越同行、取得职业成就的关键因素。职业精神是职业活动的灵魂，其强大的力量，会对个体职业发展的方方面面产生影响，是个体矫正工作作风、调适工作心态、走出职业困境、创造优异成果、实现自我价值的重要基础。

一、敬业精神

南宋理学家、教育家朱熹说："敬业者，专心致志以事其业也。"我们现在所说的敬业，基本沿用朱熹的释义，就是敬重并专心致志于所从事的事业，即在职业活动中，树立主人翁意识、事业心，追求崇高的职业理想，具体表现为尽职尽责、认真负责、一丝不苟等。

（一）敬业的三重境界

1. 乐业

乐业就是爱岗，指喜欢并乐于从事自己的职业。爱岗是敬业的基石，敬业是爱岗的升华。爱岗的人热爱自己的本职工作，稳定、持久地在行业里耕耘，恪尽职守。具有爱岗敬业精神，是用人单位挑选人才的一项非常重要的标准，因为只有干一行、爱一行的人，才能专心致志地做好工作。

2. 勤业

勤业就是恪尽职守、负责认真，是敬业者的行为表现。勤业者把工作看成自己的事情，具有高度责任感，自觉自愿地把主要精力投入工作中，勤勤恳恳，孜孜不倦。勤业者大都以勤勉、刻苦的态度对待工作，因此能取得良好的工作成果。

3. 精业

精业就是努力钻研、精益求精，是敬业的升华。精业者保持终身学习的意识，不断提高自身职业能力和业务水平，不断积累经验，不断攻克领域难题，从而掌握该领域最前沿的知识、最成熟的经验和最精湛的技艺，使自己成为专业领域的行家，甚至引领行业的发展。

（二）践行敬业精神

1. 热爱本职岗位

干一行就要爱一行，要把本职工作当成自己的事业去经营。只有这样才能以饱满的工作热情、严谨的工作态度全身心地投入到本职工作中去，才能在平凡的岗位上创造出不平凡的业绩。如果不喜欢自己的工作和岗位，工作起来就没有动力，且容易得过且过、怨天尤人。

2. 勇于承担责任

没有不需要承担责任的工作，也没有不需要完成任务的岗位。在工作中，我们要认真履行自己的职责，遵守各项规章制度；要严格按规程办事，对于工作中出现的各种问题和困难，不能一味逃避，而要积极面对，以负责任的态度去解决问题。

3. 加强业务学习

工作之余要加强业务学习，以不断适应岗位的需要。学习时，要积极主动，从"要我学"变成"我要学"；要注重方法，找到适合自己的学习方法和提升方式；要加强理论学习，注重理论指导；要联系实际，通过学用结合提高自己的业务水平。

4. 善于总结经验

应当通过持续的反思、总结来提高自己的工作效率。积累经验的过程是一个从无到有、反复磨炼的过程。认真分析工作中的点点滴滴，有助于厘清工作思路，改进工作方法，提炼典型做法，明确和掌握工作规律，进而优化工作过程，提高工作效能。

职场·小·故事 »

守岛英雄

2014年，王继才、王仕花夫妇被评为"时代楷模"。2018年，王继才被追授"全国优秀共产党员"称号。2019年，王继才被授予"人民楷模"国家荣誉称号。

1986年7月，王继才受组织派遣，前往黄海前哨开山岛执勤。同年，妻子王仕花辞掉教师工作，陪伴丈夫守岛。王继才夫妇以孤岛为家、与艰苦为伴，坚持每天升旗、巡岛、观天象、护航标、写日志……

曾有犯罪分子想利用开山岛独特的地理位置，将其变为犯罪的"避风港"，多次威逼利诱王继才交出开山岛的管理权。面对危险，王继才丝毫没有退缩。32年间，他提供的情报线索帮助警方成功破获多起走私、偷渡案件，为国家挽回巨额经济损失。

32年间，不论刮风下雨，王继才和妻子王仕花每天做的第一件事，都是庄严地升起国旗。王继才说："开山岛虽小，但领土神圣，必须升国旗。"

守岛卫国32年，王继才、王仕花夫妇用无怨无悔的坚守和付出，在平凡的岗位上书写了不平凡的人生华章。

◆ 二、吃苦精神

吃苦精神作为一种职业精神，一般指吃苦耐劳的职业品质。一个人要想取得一番作为，就要发扬艰苦奋斗的作风，愿意为实现目标付出百倍的心血和努力，不因挫折与困难而放弃。

（一）吃苦精神的价值

1. 吃苦耐劳是从业者必须具备的素质

没有不辛苦的工作。抱着无法吃苦的心态，便难以找到理想的工作，一直以严苛的条件寻找工作机会，对职业和岗位挑挑拣拣，终归影响自身就业。

2. 吃苦耐劳是提升工作能力的基础

要想提升工作能力，吃苦耐劳是不可或缺的因素。抱着走捷径的想法，只会停留在空谈务虚层面，难以走向成功和成才。吃苦耐劳还能促使从业者养成持之以恒、脚踏实地的品质，能激发其无限潜能，最终使其在平凡的岗位上创造出更大的价值。

3. 吃苦耐劳能培养热爱生活的品质

吃苦是一种精神，也是一种能力，更是一种心态。吃苦耐劳的人品尝过奋斗的辛苦，也就更懂得美好生活的来之不易，从而更加热爱生活，更能够把握当下的幸福。

（二）践行吃苦精神

1. 要明确为什么吃苦

从业者在职场中、在创业时要吃苦耐劳，但是不能盲目地吃苦、没有目的地吃苦，必须在总体方向上明确自己付出是为了什么，比如具体是为了达到什么目的、实现怎样的理想，也就是说要做到心中有数，最大程度地让付出的汗水得到回报。

2. 要处理好职业发展与个人成长的关系

从业者要处理好职业发展与个人成长的关系，吃苦耐劳不仅是为了获得职业发展，也是为了促进个人成长。只有保持积极健康的心态，乐观地看待今日的艰苦磨砺，才能拥抱幸福的生活。

3. 要处理好眼前利益和长远利益的关系

吃苦是一个过程，从业者会在这一过程中不断积累财富，锻炼品性，磨砺毅力，因此不要过分计较当前的辛苦付出是否能立刻得到回报。走过的路都算数，时间终究会给你想要的答案。只有在春天努力耕耘、辛勤播种，到了秋天才能收获累累硕果。

♻ 互动·小空间 »

《感动中国》2022 年度人物陆鸿颁奖词	《感动中国》2020 年度人物国测一大队颁奖词
有人一生迟疑，从不行动； 而你从不抱怨， 只想扼住命运的喉咙。	六十多年了， 吃苦一直是传家宝， 奉献还是家常饭。

续表

《感动中国》2022 年度人物陆鸿颁奖词	《感动中国》2020 年度人物国测一大队颁奖词
能吃苦，肯奋斗，有担当， 似一叶扁舟 在激湍中逆流而上， 如一株小树 在万木前迎来春光。 在阴霾中， 你的笑容给我们带来力量。	人们都在向着幸福奔跑， 你们偏向艰苦挑战。 为国家苦行，为科学先行， 穿山跨海，经天纬地。 你们的身影， 是插在大地上的猎猎风旗。

说一说 请搜索相关人物事迹，与同学交流分享你理解的吃苦精神吧。

三、工匠精神

在中国传统文化语境中，工匠是对所有手工艺（技艺）人，如木匠、铁匠、铜匠等的称呼，是指将其毕生精力献身于这一工艺领域的匠人。进入现代工业社会，工匠开始泛指生产一线动手操作、具体制造的工人、技师、工程师等。我国要成为制造强国，就需要强大的技能支撑和人才支撑，弘扬工匠精神，以有助于培养更多能工巧匠和大国工匠。工匠精神是指对设计独具匠心、对质量精益求精、对技艺不断改进、对制作不遗余力的理想精神追求。

（一）工匠精神的含义

工匠精神的本质是道技合一，追求卓越。具体而言，包括以下三方面的含义。

1. 内化于德：崇尚劳动，甘于奉献

内化于德，体现在尊师重道上。工匠精神以追求至善至美为价值导向，工匠精神之"德"亦在于尊师重道的师道精神。无论是传统的学徒制，还是现代的职业教育，都强调对知识技术的关注和对技术人员的推崇。

内化于德，体现在劳动精神上。工匠精神首先是一种劳动精神，强调热爱劳动、以劳动为荣。习近平总书记指出："一切劳动者，只要肯学肯干肯钻研，练就一身真本领，

掌握一手好技术，就能立足岗位成长成才，就都能在劳动中发现广阔的天地，在劳动中体现价值、展现风采、感受快乐。"

内化于德，体现在奉献精神上。千百年来工匠以业维生，无私地奉献自己的全部心血，创造了灿烂的工匠文化。无论是航天飞船、高铁动车，还是港珠澳大桥、"中国天眼"等，这些大国工程、大国重器，都凝结了现代工匠的心血和智慧。

2. 凝结于技：一丝不苟，精益求精

凝结于技，体现在一丝不苟上，即严谨认真，注重细节，毫不敷衍怠慢。失之毫厘，谬以千里。做好一件事，必须从细节入手，从小事开始。优秀的工匠能从细处见大，在每个细节上做足功夫，从而成就精品。

凝结于技，体现在精益求精上，即高标准、严要求，追求完美与极致。精益求精是对一流品质的追求。正是工匠们对技艺的刻苦钻研、对精确程度的苛刻要求，才有了巧夺天工之作。

3. 外化于物：勇于创新，追求卓越

外化于物，体现在勇于创新上。现代机械制造尤其是现代智能制造，对技艺提出了越来越高的难度要求和精度要求，即不仅要有娴熟的技能，而且要求技术创新。每一个产品的开发，每一项技术的革新，每一道工艺的更新，都需要工匠的创新技艺参与其中。墨守成规难以推动行业革新，正是工匠们不断改进工艺措施的创新意识和创造能力，推动着行业技艺突破性发展。

外化于物，体现在追求卓越上。精美绝伦的工艺品，源自能工巧匠对完美的追求和对卓越的渴求，正是那种锐意进取、超越自我、永攀行业顶峰的精神，造就了无数行业领军人物与大国工匠。

(二) 践行工匠精神

1. 执着专注

无论从事哪个职业，任职哪个岗位，致力于生产哪种产品或者提供哪种服务，都要秉持干一行就要爱一行的原则，执着地深耕于某一行业领域，全身心地投入工作中，不三心二意，不心猿意马。

2. 注重细节

细节决定成败。只有一丝不苟地对待自己的工作，才能制造出高质量的产品、提供最优质的服务；只有关注细节，才能规避细节之处的问题与风险，制造出精美的产品。

3. 追求卓越

要在职业目标上追求卓越，持之以恒地学习，积极主动地提升职业技能，不断突破自我极限，达到卓越的境界；还要在工作过程中精益求精，秉持严谨的工作作风和务实的工作态度，深入钻研，做好每一个环节、每一件事。

4. 勇于创新

要善于发现、独立思考、敢于批判和创新，要在工作中持续反思，从而发现问题、解决问题，创新工作思路、改进工作成效。只有这样，才能掌握工作主动权，才有可能从行业跟随者发展成为行业领军者，从站稳岗位变为引领岗位。

互动小空间 ≫

大力弘扬劳模精神、劳动精神、工匠精神。"不惰者，众善之师也。"在长期实践中，我们培育形成了爱岗敬业、争创一流、艰苦奋斗、勇于创新、淡泊名利、甘于奉献的劳模精神，崇尚劳动、热爱劳动、辛勤劳动、诚实劳动的劳动精神，执着专注、精益求精、一丝不苟、追求卓越的工匠精神。劳模精神、劳动精神、工匠精神是以爱国主义为核心的民族精神和以改革创新为核心的时代精神的生动体现，是鼓舞全党全国各族人民风雨无阻、勇敢前进的强大精神动力。

社会主义是干出来的，新时代是奋斗出来的。这次受到表彰的全国劳动模范和先进工作者，是千千万万奋斗在各行各业劳动群众中的杰出代表。他们在平凡的岗位上创造了不平凡的业绩，以实际行动诠释了中国人民具有的伟大创造精神、伟大奋斗精神、伟大团结精神、伟大梦想精神。希望大家珍惜荣誉、保持本色，谦虚谨慎、戒骄戒躁，继续发挥示范带头作用。

劳动是一切幸福的源泉。新形势下，我国工人阶级和广大劳动群众要继续学先进赶先进，自觉践行社会主义核心价值观，用劳动模范和先进工作者的崇高精神和高尚品格鞭策自己，焕发劳动热情，厚植工匠文化，恪守职业道德，将辛勤劳动、诚实劳动、创造性劳动作为自觉行为。各级党委和政府要尊重劳模、关爱劳模，贯彻好尊重劳动、尊重知识、尊重人才、尊重创造方针，完善劳模政策，提升劳模地位，落实劳模待遇，推动更多劳动模范和先进工作者竞相涌现。全社会要崇尚劳动、见贤思齐，加大对劳动模范和先进工作者的宣传力度，讲好劳模故事、讲好劳动故事、讲好工匠故事，弘扬劳动最光荣、劳动最崇高、劳动最伟大、劳动最美丽的社会风尚。要开展以劳动创造幸福为主题的宣传教育，把劳动教育纳入人才培养全过程，贯通大中小学各学段和家庭、学校、社会各方面，教育引导青少年树立以辛勤劳动为荣、以好逸恶劳为耻的劳动观，培养一代又一代热爱劳动、勤于劳动、善于劳动的高素质劳动者。

——习近平总书记在全国劳动模范和先进工作者表彰大会上的讲话（节选）

说一说 阅读上面的材料，说一说你的感想。

活动与实践 》

角色扮演互问互答：下面有五道测试求职者是否具有敬业精神的试题。请你与同伴组队合作，一人扮演面试官提问，另一人扮演求职者回答，然后交换角色。最后，请你们分别谈谈作为面试官自己对得到的回答是否感到满意，为什么？

试题 1：你如何看待工作中偷懒这种现象？

试题 2：如果有人当着你的面批评你的公司，你会怎么办？

试题 3：你是如何理解"做一天和尚撞一天钟"这句话的？

试题 4：如果你的职位很高，但是有一天公司忽然把你调到另外一个部门，让你从头做起，你会怎么办？

试题 5：如果你和一位同事发生了矛盾，恰好有一位客户来找他，而他又不在，你会怎么做？

职场·小·练手 >>

亲爱的同学，通过上面的学习，相信你对职业精神有了一定的了解。请你回答下列两个问题，从而分析目标职业与岗位的职业精神，并继续完善自己的职业生涯规划。

1. 你的目标职业与岗位需要哪些职业精神？

2. 你是否具有这些职业精神？你打算如何培养这些职业精神？

_____

_____

_____

_____

_____

职场·小·收获 >>

亲爱的同学，请将你在本节课学习、活动中的收获、体会和成长记录下来吧！

_____

_____

_____

_____

_____

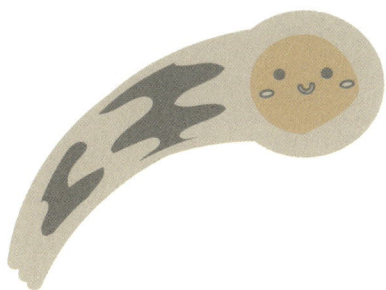

专题三 >> 职业意识教育

　　习近平总书记寄语广大当代青年学生："能够担当起党和人民赋予的历史重任"，"以真才实学服务人民，以创新创造贡献国家"。新时代是充满机遇的时代，只有踏实学习、勇于担当，才能把握和顺应时代的发展进程。

　　职业意识指个体对社会上存在职业的认识和对自己未来将从事职业的选择意向，以及对所从事或将要从事的职业活动的态度、情感和评价等心理活动的综合反应。因此，也可以说它是从业者经过具体的职业实践所形成的一种约定俗成的观点和认识。新时代的中职生在校学习期间就需要逐步培养职业意识，即有意识地锻炼自己的责任意识、团队意识、抗挫意识和创新意识，并能够根据自身情况制定适合自己的职业意识培养方法，以便日后更好地适应各种工作挑战。

观察与思考 ≫

老木匠的故事

老木匠做了一辈子的木匠，并且以敬业和勤奋深得老板的信任。老木匠觉得自己年老力衰，便对老板说，想退休回家享受天伦之乐。老板十分舍不得他，再三挽留，但他去意已决，不为所动。老板只好答应他的请辞，但希望他走之前能再帮助自己盖一座房子。老木匠自然无法推脱，但他的心思已经不在工作上了，用料也不严格，做出的活也无往日的水准。老板看在眼里，但什么也没说。等到房子盖好时，老板却将钥匙交给了老木匠。"这是你的房子，"老板说，"是我送给你的礼物。"

想一想　如果你是老木匠，你会如何对待最后的工作？

素养加油站 ≫

中职生正处于价值观形成和确立的关键时期，必须强化责任意识，在心里种下责任的种子，如此才能更好地放飞青春的梦想，进而实现人生价值。

➤ 一、责任意识的内涵

责任意识，或者说责任感，是道德品质的一种体现。责任意识是指个体自觉地把承担的事情当作分内之事并竭尽全力去完成的一种心态，是个体日后能够立足于社会，获得成功的一种人格品质。

责任意识是一种自我约束的价值取向。这种价值取向限定了个体应该怎么做、不应该怎么做，确定了个体生活、工作、处事的原则，确定了个体劳动付出、创造绩效、奉献社会的途径。不同的人在生活中扮演着不同的角色，不同的角色承担着不同的责任。

但每一个人都要承担起自己的责任，要有责任意识。

一名中职生要承担的责任有哪些?
一名教师要承担的责任有哪些?
一名医生要承担的责任有哪些?
一名技术工人要承担的责任有哪些?

》 二、责任意识的作用

有无责任意识，责任意识的强弱，不仅影响个体的信誉，而且影响个体的一生。良好的责任意识是个人进步的动力，它能提醒和督促个体主动地付出和贡献，不断创造业绩。如果缺乏责任意识，个体在学习、生活或工作中就会消极被动，得过且过，毫无建树，面对各种诱惑而不能自持，一旦身处逆境，便消沉绝望，难以自拔。

（一）责任意识能够激发个体潜能

具有强烈责任感的个体，对待学习、工作必然尽心尽力、一丝不苟，不做好决不罢休；遇到困难，绝不轻易放弃。责任心能够激发个体的巨大潜能，促使其想方设法、竭尽全力做好工作。相反，责任意识淡薄的个体，由于不愿意也不可能全身心地投入学习、工作，其潜能就不可能被激发，因此即使工作得再久，也只能碌碌无为。

（二）责任意识能够促进个体成功

一个人有了责任意识，就会对自己负责，做自己的主人，就愿意主动承担责任。这样他就会全身心地投入自己的岗位工作，精益求精地完成本职任务；他还会乐意承担额外的事务，多担一份责任，多做一份贡献。多担一份责任，就多经受一番历练，这样担负更多、更重要职务的能力就得以增长，显然这也会提高工作绩效，促进个人职业发展与成功。

职场·小·故事 >>

　　小石大学毕业后在一家建筑公司实习。他被安排到第一线——施工现场，从事技术方面的工作。施工现场的条件非常艰苦，工地的道路全是土路，不是风沙弥漫，就是泥泞难行。职工宿舍是临时搭建的简易房，小石的工作量不算太大，但是很烦琐，楼上楼下，里里外外，一天至少要跑几十趟。每天下班，他疲惫得连饭也不想吃，只想躺下来好好休息。这些都是小石从未经历过的，尽管来之前，他已经做好了足够的心理准备，但是他还是怀疑自己是否能够坚持下来。

　　这时，一件事情彻底改变了他的这些消极想法。那天深夜，天气骤变，电闪雷鸣，不一会儿便下起了倾盆大雨。小石和同一宿舍的工长郑师傅早已进入了梦乡。突然，门外响起急促的敲门声，有人喊道："郑师傅，郑师傅，工地基坑边坡有一部分滑坡了！"

　　郑师傅马上翻身坐起，迅速披上外套，穿好鞋子，戴上安全帽，拿起雨伞和手电，打开屋门，大步走了出去。

　　不知过了多久，郑师傅才回到宿舍。第二天，小石忍不住问郑师傅："工地现场不是还有专门负责的人吗？您告诉他们怎么处理不就成了吗？您这么大岁数了，还要冒雨亲自出去一趟，何苦受这个罪？"郑师傅听了小石的话，只是微微一笑说："这是我的责任！"

　　"这是我的责任！"就是这短短的一句话，深深地触动了小石。

想一想　你觉得是什么触动了小石？

三、责任意识的培养

　　作为中职生，我们对自己、对他人、对集体、对家庭、对国家都有一定的责任，那么如何培养我们的责任意识呢？

（一）责任意识的培养目标

　　每个人都承担着多种社会角色，每种社会角色都有其特定的社会责任。责任意识应该围绕不同的社会角色来培养，可以从下列五个方面做起。

1. 对自己负责

培养自尊、自信、自主、自强、自律的意识，充分发挥个人的聪明才智，努力学习，使自己成为对社会有用的人。

2. 对他人负责

尊重他人，接纳他人，以诚待人，与他人和谐相处，富有爱心和合作精神，真诚关心他人的安全和利益，乐于助人，力求使自己成为对他人负责的人。

3. 对家庭负责

尊老爱幼，自觉承担起对家庭的责任，关心父母，维护亲情。

4. 对集体负责

树立集体观念，珍视集体荣誉，主动关心爱护集体，将个人利益放在集体利益之后，绝不做有损集体声誉的事；积极参加集体活动，为集体事业的发展尽心尽力，与集体共荣辱。

5. 对国家负责

树立热爱祖国、报效祖国的伟大理想，爱护国家财产和公共设施，爱护环境，积极参加公益活动，努力学习和工作，努力成为德智体美劳全面发展的社会主义建设者和接班人。

互动·小空间 ≫

半夜时分，突然狂风大作，闪电惊雷一个接着一个。农场主从睡梦中醒来，使劲敲打墙壁：隔壁睡着农场里唯一的工人。农场主养了上千只鸡、几百匹马，还有刚刚打下的几十囤粮食。这么大的风雨一定会给他带来巨大的损失。他迫切地想叫醒那个工人，让他赶紧去看一看。但是，农场主敲了足足有20分钟，隔壁并没有回音，农场主甚至还听到了那个工人香甜的鼾声！

农场主看着窗外的瓢泼大雨，心疼得都要哭了！他愤愤地想：好啊，明天我一定要把你解雇。在如此危急的时候，你竟然还能睡得这么安稳。

农场主一夜没合眼。直到第二天清晨，风停了，雨歇了，他才心急火燎地跑出去，只见鸡舍、马棚和粮囤上都盖着厚厚的塑料布，下水道处顺畅地流淌着积水，其他一切该准备的，那个工人都在睡觉前准备好了。这时，工人睡眼惺忪地走过来问他有什么事，农场主高兴地拍着他的肩膀说："我想给你加薪！"

说一说 工人有哪些值得我们学习的地方？

（二）在工作中增强责任意识

对工作负责就是对自己负责，工作兢兢业业，一是在为自己的前途打拼，二是在为自己的能力添砖加瓦，三是在借助企业这个平台逐渐实现自己的理想。

1. 对个人行为负责

一个人走向成熟的第一步是勇于承担责任。作为中职生，我们都已经脱离被绊倒了便迁怒于椅子的孩童阶段，应当直面人生，为自己负责。当然，这样做比较困难。尚不成熟的我们，可能会为存在的缺点和不幸找到理由，而且是令自己置身事外的理由：自己的童年很悲惨，父母太贫穷或太富有，缺少教育，家人不了解我们。其实，我们是在为自己找借口，而不是设法克服困难。当能为自己的思想、学习习惯、目标和生活负责时，你就会发现你正在创造自己的命运。

2. 遇到问题不推脱

很多情况下，人们会倾向于首先解决那些容易解决的事情，而把那些有难度的事情尽可能地推给别人。其实，在学习、生活中遇到问题时，应该勇于面对，让问题在自己这里得到解决。在职场中，没有任何事情比一个员工能够处理和解决问题更能表现出他的责任感、主动性和独当一面的能力。

让我们带着责任上路，勇于承担自己的过错；让我们带着责任上路，坚守自己的诺言；让我们带着责任上路，做好分内的事；让我们带着责任上路，无悔地走好人生的每一步！

▌ 职场·小·故事 》

　　杰克·法里斯 13 岁时就开始在自己家的加油站工作。加油站里有三个加油泵、两条修车地沟和一间打蜡房。法里斯想学修车，但他父亲让他在前台接待顾客。

　　当有汽车开进来时，法里斯必须在车子停稳前就站到司机门前，然后忙着去检查油量、蓄电池、传动带、胶皮管和水箱。法里斯注意到，如果他干得好的话，顾客大多还会再来。于是，法里斯总是多干一些，如帮助顾客擦去车身、挡风玻璃和车灯上的污渍。有段时间，每周都有一位老太太开着她的车来清洗和打蜡。这辆车的车内地板凹陷极深，很难打扫。而且，这位老太太要求极为苛刻，每次法里斯给她把车打扫好之后，她都要再仔细检查一遍，让法里斯重新打扫，直到清除掉每一缕棉绒和每一点灰尘才满意。

　　终于，有一次，法里斯实在忍受不了了，不愿意再待候她了。他的父亲告诫他说："孩子，你要知道，这就是你的工作，不论你的客人对你有什么样的要求，只要不违背原则，你都应该对他们有礼貌，而且需要做到最好。"很多年后，法里斯说道："父亲的一番话，让我懂得了什么叫作职业道德。没错，既然接受了这份工作，就必须承担这份工作带来的责任。"

　　这个故事告诉我们一个道理：既然这是我们的工作，我们选择了这个岗位，那么我们就必须接受它的所有，不仅包括这份工作带给我们的财富和乐趣，也包括它给我们带来的麻烦和责任，因为它们也是工作的一部分。任何一项工作都会有它的困难之处，解决这些困难本身就是这份工作的职责，你本来就应该义不容辞地承担起来。既然愿意接受工作带来的财富和乐趣，就要愿意承担相应的责任。

▌ 活动与实践 》

责任意识自测

对以下 15 个问题回答"是"或"否"。

1. 与人约会，你通常准时赴约吗？

2. 你认为自己可靠吗？

3. 你会因未来的不确定性而储蓄吗？

4. 发现朋友违反纪律，你会通知老师吗？

5. 外出旅行，找不到垃圾桶时，你会把垃圾带在身上吗？

6. 你经常通过运动保持健康吗？

7. 你忌吃垃圾食物、脂肪过高的食物吗？

8. 你永远将正事列为优先，再做其他休闲活动吗？

9. 你从来没有放弃过任何选举权利吗？

10. 收到别人的信，你总会在一两天内就回信吗？

11. "既然决定做一件事情，那么就要把它做好"，你相信这句话吗？

12. 向别人借钱时，你会跟他约定还款日期吗？

13. 你曾经违反过纪律吗？

14. 你经常拖延交作业吗？

15. 小时候，你经常帮忙做家务吗？

评分标准：

上述问题除13题和14题答"否"加1分，答"是"不加分外，其余的问题答"是"加1分，答"否"不加分。结合总的分数，看看你的责任心如何。

10~15分：你是个非常有责任感的人，行事谨慎，懂礼貌，为人可靠，并且相当诚实。

3~9分：大多数情况下，你很有责任感，只是偶尔有些率性而为，没有考虑得很周到。

2分以下：你是个完全不负责任的人。

职场·小·练手 >>

亲爱的同学，通过上面的学习，相信你对责任意识有了更加深入的了解。作为一个有责任心的同学，送给自己几句话吧！

_____

_____

_____

_____

_____

职场·小·收获 >>

亲爱的同学，请将你在本节课学习、活动中的收获、体会和成长记录下来吧！

_____

_____

_____

_____

_____

学习主题 2　团队意识

观察与思考 >>

　　每年的秋天，大雁都会成群结队地飞往南方过冬，第二年春天再飞回原地。在长达数万里的航程中，它们要历经狂风暴雨、电闪雷鸣，以及寒流与缺水的威胁，但每一年它们都能成功往返。据说，雁群总是由有经验的老雁当"队长"。"队长"飞在队伍的前面，便有"领头雁"的说法。"领头雁"扇动翅膀时，带动气流，在其身后会形成一个低气压区，紧跟其后的大雁飞行时就可以利用这个低气压区减少空气的阻力，飞起来会很轻松；气流也可以把小雁轻轻地托起来，长途跋涉的小雁就不会掉队，这有利于整个群体的持续飞行能力。它们排成"人"字形或"一"字形，也是一种集群本能的表现，因为这样有利于防御敌害。

　　如果孤雁单飞，就有被敌害吃掉的危险。在长途旅行中，雁群的队伍组织得十分严密，它们一边飞着，一边发出"嘎、嘎"的叫声，这种叫声起到互相照顾、呼唤、起飞和停歇的信号作用。当某只雁偏离队伍时会立刻感受到单独飞行的辛苦及阻力，它会立即飞回团队，利用前面伙伴提供的"向上之风"。当领头雁疲倦时，它会退到队伍的后方，而另一只雁则飞到它的位置上来填补。当某只雁生病或受伤时，会有其他两只雁飞出队伍跟在后面，协助并保护它，直到它康复或死亡为止，然后它们自己组成队伍再开始飞行，或者去追赶上原来的雁群。

想一想　这些大雁给我们带来了哪些启示？

素养加油站 >>

　　习近平总书记在"一带一路"国际合作高峰论坛圆桌峰会上的致辞——"大雁之所以能够穿越风雨、行稳致远，关键在于其结伴成行，相互借力"，便是对团队合作最好的诠释。

77

◆ 一、团队意识的内涵

团队意识是大局意识、协作精神和服务态度的集中体现，不仅包含了与人沟通、交流的能力，而且包含了与人合作的能力。

团队意识的基础是尊重个人，核心是协同合作，最高境界则是全体成员的同心同德。它反映的是个体利益和整体利益的统一，并进而保证组织的高效率运转。

团队意识体现为成员对团队的归属意识。成员认识到是团队为自己提供了工作，个人命运与团队是休戚相关的。同时，成员也会因为自己所在的团队有令他人羡慕的声誉、社会地位和经济收入等而产生一种自豪意识。团队意识体现为团队成员之间的亲和意识。团队成员在工作中相互协作、互相支持、密切配合，建立了平等互信、相互尊重的关系。团队意识还体现为成员对团队的责任意识。团队成员对于团队事务恪尽职守、全身心投入等。

互动·小空间 ≫

钥匙和锁的故事

一日，夜深人静，锁叫醒了钥匙并埋怨道："我每天辛辛苦苦为主人看守家门，而主人喜欢的却是你，总把你带在身边，真羡慕你啊！"

钥匙也不满地说："你每天待在家里，舒舒服服的，多安逸啊！我每天跟着主人，日晒雨淋的，多辛苦啊！我更羡慕你！"

一次，钥匙也想过一过安逸的生活，于是把自己藏了起来。主人出门后回家，发现钥匙不见了，气急之下把锁给砸了，并顺手将锁扔进了垃圾桶。进屋后，主人找到了钥匙，气愤地说："锁也砸了，现在留着你还有什么用呢？"说完，把钥匙也扔进了垃圾桶里。

在垃圾桶里相遇的锁和钥匙，不由感叹起来："我们落得如此可悲的下场，都是因为过去没有看到对方的价值与付出。"

说一说　人与人之间只是一味地扯皮、争斗，结果会怎样呢？

互动·小·空间 ≫

你是否参加过团队活动？你认为一个高效的团队应该有哪些特征？

二、高效团队的特征

（一）团队具有明确的目标

团队成员清楚地了解所要达到的目标，以及目标所包含的重大现实意义。在高效的团队中，团队目标明确，成员愿意为团队目标做出承诺，清楚地知道做什么工作，以及怎样共同工作。

（二）团队成员具有相关的技能

高效团队的成员具备实现目标所需要的基本技能，并能够良好地合作。值得注意的是有精湛技术的人并不一定就有处理群体内关系的高超技巧，高效团队的成员则往往兼而有之。

（三）团队成员之间相互信任

成员之间相互信任是高效团队的显著特征，也就是说，所有成员都对其他成员的品行和能力深信不疑。而且，只有信任他人才能换来他人的信任，不信任只能导致不信任。

（四）团队成员具有共同的信念

高效团队的成员对团队表现出高度的忠诚，他们具有共同的信念，这种信念促使团队走向成功。

（五）团队成员之间沟通顺畅、信息交流充分

成员之间沟通顺畅、信息交流充分是高效团队显著的特点。团队成员通过畅通的渠道交流信息，包括各种言语和非言语信息。此外，管理层与员工之间健康的信息反馈也是良好沟通的重要特征。就像共同生活多年、感情深厚的家人一样，高效团队中的成员

能够迅速而准确地了解彼此的想法和情感。

（六）团队成员具有谈判技能

以个体为基础进行工作设计时，员工的角色由工作说明、工作纪律、工作程序和其他一些正式文件明确规定。但对于高效的团队来说，其成员角色具有灵活多变性，总在不断地进行调整。这就需要团队成员具备充分的谈判技能。

（七）团队具有优秀的领导者

优秀的领导者能够让团队跟随自己共同度过最艰难的时期，因为其能为团队指明前途所在。优秀的领导者能够以身作则，且凡事以团队利益为重。同时，优秀的领导者还具有较强的协调能力及激励他人的能力，懂得有效授权。

（八）团队具备内部与外部的支持条件

支持环境对于高效团队来说是一个必要的条件。从内部条件来看，团队应拥有一个合理的基础结构，包括适当的培训、一套易于理解的用以评估员工总体绩效的测量系统，以及一个起支持作用的人力资源系统。恰当的基础结构应能支持并强化成员行为以达到高绩效水平。从外部条件来看，管理层应给团队提供完成工作所必需的各种资源。

互动小·空间 »

偷油的老鼠

有三只老鼠结伴去偷油喝，可是油缸非常深，油又在缸底，它们只能闻到油的香味，根本喝不到油。喝不到油的现状令它们十分焦急，但焦急又解决不了问题，所以它们就静下心来集思广益。终于，它们想出了一个很棒的办法——一只咬着另一只的尾巴，吊下缸底去喝油。它们达成了共识：大家轮流喝油，有福同享，谁都不可以存有独享的想法。第一只老鼠最先吊下去喝油，它在缸底想："油只有这么一点点，大家轮流喝一点多不过瘾。今天算我运气好，不如自己痛快地喝个饱！"夹在中间的第二只老鼠也在想："下面的油没多少，万一让第一只老鼠喝光了，那我岂不是要喝西北风吗？我干吗这么辛苦地吊在中间让第一只老鼠独自享受一切呢！我看还是把它放了，干脆自己跳下去喝个痛快！"第三只老鼠则在上面想着："油那么少，等它们两个喝足，哪里还有我的份儿！倒不如趁这个时候把它们放了，自己跳到缸底饱喝一顿，才能一解嘴馋！"于是，第二只老鼠狠心地松开第一只老鼠的尾巴，第三只老鼠也迅速地松开第二只老鼠的尾巴，它们争先恐后地跳到缸里，浑身湿透，狼狈不堪，加上脚滑缸深，它们再也逃不出油缸了。

说一说 三只老鼠为什么再也逃不出油缸？

➤ 三、打造高效能团队的方法

一个高效的团队要分工合理，将每个成员放在适合的位置上，使其能够最大限度地发挥自己的才能，并通过完善的制度、配套的措施，使所有成员形成一个有机的整体，为实现团队的目标而奋斗。

（一）要有明确的团队目标

团队目标是凝聚成员的力量，是鼓舞成员团结奋斗的动力。要注意用切合实际的目标凝聚成员、团结成员，调动成员的积极性。

制定目标时，要遵循目标的 SMART 原则：

①目标必须是具体的（specific）；

②目标必须是可以衡量的（measurable）；

③目标必须是可以达到的（attainable）；

④目标必须和其他目标具有相关性（relevant）；

⑤目标必须具有明确的截止期限（time-based）。

（二）要有健全的团队管理制度

管理工作使团队成员的行为制度化、规范化。好的团队都应该有健全完善的制度。缺乏健全完善的制度，就无法形成纪律严明、作风过硬的团队。

（三）要创造良好的沟通环境

有效的沟通能及时消除和化解各部门之间、领导与成员之间、不同成员之间的分歧与矛盾。因此，必须建立良好的沟通环境，以增强团队凝聚力，减少"内耗"。

（四）要尊重每一位团队成员

尊重是调动成员积极性的重要前提。尊重团队中的每位成员，使他们感受到团队的温暖。关心成员的工作与生活，极大地激发他们为团队奋斗的决心。

（五）要引导成员参与管理

正确引导成员参与管理，鼓励他们为团队发展贡献自己的智慧与力量。

（六）要增强成员的全局观念

团结出战斗力。团队成员不应过于计较个人利益和局部利益，要将个人的、部门的追求融入团队的总体目标中去，如此才能提升团队的整体效益。

团队成员一定要风雨同行、同舟共济。没有团队合作的精神、仅凭一个人的力量无论如何也达不到理想的工作效果。只有通过集体的力量、充分发挥团队精神，才能使工作做得更出色。

职场·小·故事 ≫

从前，有两个饥饿的人得到了一位长者的恩赐：一根渔竿和一篓鲜活硕大的鱼。其中，一个人要了一篓鱼，另一个人要了一根渔竿。

得到鱼的人原地就用干柴搭起篝火煮起了鱼。他狼吞虎咽，还没有品出鲜鱼的肉香，转瞬间，连鱼带汤就被他吃了个精光。不久，他便饿死在空空的鱼篓旁。

另一个人则提着渔竿继续忍饥挨饿，一步步艰难地向海边走去，可当他看到不远处那片蔚蓝色的海洋时，他浑身的最后一点力气也使完了，他也只能眼巴巴地带着无尽的遗憾撒手人寰。

又有两个饥饿的人，他们同样得到了长者恩赐的一根渔竿和一篓鱼。只是他们并没有各奔东西，而是商定共同去找寻大海。两人每次只煮一条鱼，经过遥远的跋涉，终于来到了海边。从此，两人开始了以捕鱼为生的日子，几年后，他们盖起了房子，有了各自的家庭，有了自己建造的渔船，过上了幸福安康的生活。

活动与实践 ≫

同学们，请想一想《西游记》中唐僧率领孙悟空、猪八戒、沙和尚到西天取经为什么最后能成功？

职场·小练手 ≫

亲爱的同学，通过上面的学习，相信你对团队意识有了更加深入的了解。作为一个有团队意识的同学，请送给自己几句话吧！

_____

_____

_____

_____

_____

职场·小收获 ≫

亲爱的同学，请将你在本节课学习、活动中的收获、体会和成长记录下来吧！

_____

_____

_____

_____

_____

观察与思考 »

驴子的故事

　　一头驴子掉进了一口枯井，它哀怜地叫喊求救，期待主人把它救出来。驴子的主人召集了数位亲邻出谋划策，还是想不出好的办法搭救驴子。大家都认定，反正驴子已经老了，况且这口枯井早晚也是要填上的。于是，人们拿起铲子，开始填井。当第一铲土壤落到枯井时，驴子叫得更恐怖了，它显然明白了主人的意图。当又一铲土壤落到枯井中时，驴子出乎意料地安静了。人们发现，此后每一铲土壤落到背上时，驴子都没有哀叫求助，而是冷静地在做一件令人惊奇的事情——努力抖落背上的土壤并将其踩在脚下，把自己垫高一点儿。人们不断把土壤往枯井里铲，驴子也就不停地抖落身上的土壤，使自己再升高一点儿。就这样，驴子慢慢地升到枯井口，在众人赞赏的目光中，潇洒地走出了枯井。

想一想 驴子为什么可以潇洒地走出枯井？

素养加油站 »

　　人生就像一次旅行，前方有平坦的康庄大道，也有崎岖的羊肠小道；既可能领略到灿烂的山花，也可能遭遇到密布的荆棘。其实，在这场人生的旅途中，所有人都会有不如意的时候，而这些"不如意"就是我们常说的挫折。

　　对于中职生而言，挫折同样是其通往人生目标道路上不可或缺的一程。中职生要培养抗挫意识，以更好地应对来自各方面的日益激烈的竞争和压力。

一、抗挫意识的内涵

　　抗挫意识指的就是通过教育和学习活动在大脑中形成的理解挫折、适应挫折、抵抗挫折和应对挫折的能力。

抗挫意识是人们适应环境必不可少的一种基本能力。对于中职生而言，在学习和生活中难免会遇到各种困难，这就需要具备应对各种困难的能力。有些挫折在给人们带来痛苦的同时，也能使人们更快地成长起来，变得更加坚毅和顽强。因此，培养抗挫意识有助于人们心理健康和快速成长。

职场·小·故事 >>

> ### 珍珠蚌
>
> 当水中的沙子进入蚌壳的时候，蚌觉得非常难受，却无力将沙子吐出。蚌有两种选择。一是抱怨，让自己的日子更不好过；二是把沙子同化，即把自己的营养分一部分给沙子，把沙子包裹起来。沙子上面包裹的营养成分越多，蚌的排异反应就越小。经过了很长时间的和平共处后，沙子不再是沙子，而是在蚌的包容中变成了璀璨的珍珠；海蚌也不再是平庸无奇的海蚌，而是变成了身价百倍的珍珠蚌。

二、常见的挫折类型

按照不同的标准可以把挫折划分为不同的类型。

（一）按照性质划分

按照性质可将挫折划分为来自外部情境的挫折和来自个体内部的挫折。

1. 来自外部情境的挫折

①缺乏性挫折。长时间外部条件的缺乏，如幼年失去亲人，致使"爱"长时间缺失等。

②损失性挫折。一直得到满足的需要骤然失去，如小学一直名列前茅的学生，进入竞争力更强的中学后失去了优势等。

③障碍性挫折。需要、动机受到外界的干扰、阻碍，如理想不能实现。

④自然性挫折。遇到天灾人祸等。

⑤社会性挫折。社会政治、经济政策变动，道德、风俗改变带来的影响，生活的创伤等。

⑥频繁性挫折。如考试经常不及格等。

2. 来自个体内部的挫折

①缺陷性挫折。存在生理缺陷、患有疾病等。

②抑制性挫折。做错了事情的后悔、内疚，如本应该帮助他人，但一时自私没有去做等。

③认知性挫折。对事物错误的估计和评价、能力和期望的矛盾、动机冲突等。

（二）按照内容划分

按照内容可将挫折划分为如下几类。

①学习性挫折。学习过程中的种种失败。

②交往性挫折。处理人际关系时遇到的障碍和失败。

③志趣性挫折。个体的兴趣、爱好被剥夺，或被强迫做自己不愿意做的事。

④自尊性挫折。感到生不逢时、大材小用、失去信任，被冷落、奚落。

⑤情境性挫折。特定的时空限制，如孤身在外、时光流逝、来日苦短等。

互动·小·空间 >>

人生的旅途犹如大海，时而风平浪静，时而微波连绵，时而汹涌澎湃，不管是伟大，还是平凡，每个人都会遇到挫折，只不过这挫折可大可小。面对挫折，有的人望而生畏，有的人半途而废，有的人则向挫折发起了挑战，并依靠自己的实力战胜了它。不同的选择，结果往往也是不同的。

说一说 当前你遇到的挫折有哪些呢？面对眼前的种种挫折，你是如何应对的呢？

三、培养抗挫意识的方法

挫折不仅会给我们带来精神上的压力，还会影响我们的身体健康，甚至会影响我们的积极性和创新精神。因此，青少年需要通过发挥自己的主观能动性来不断提高自身的综合素质，从而增强自身的抗挫意识。

（一）端正态度

战胜挫折的基础就在于正确认识挫折的态度。人生遇到挫折是必然的事情，我们无须回避，更不可彷徨。心理研究发现，一个人越是能够获得与带来挫折事件相关的信息和知识，就越能够有效地控制和处理它。这就需要我们正确地认识挫折，把挫折看作通往成功的阶梯。

（二）寻找原因

一切事件的发生，都有一定的原因。青少年要学会分析失败的原因，并找到合理的解决方法。曾子曰，"吾日三省吾身"，可见反省是自我认知发展的原动力，是抵抗挫折的最有效方法之一。

（三）合理减压

挫败感所带来的压力，是可以疏导的，要学会释放压力。很多时候，我们会说痛苦要埋在心里，眼泪要咽进肚里，其实这是错误的。眼泪既可以洗刷痛苦，也可以缓解挫败感。遇到压力时，要学会想办法合理地减轻它。减轻压力的方式有以下几种。

①维持平衡的生活形态。

②尽可能满足自我需求。

③保证充足的营养。

④不要害怕向别人求助。

⑤把遇到的挫折罗列出来。

⑥确保每天都有放松的时间。

⑦锻炼身体。

在遇到挫折时，我们还可以借助心理咨询来帮助自己。如果通过自己的努力依然不能有效地摆脱挫折感的话，建议寻找专业的心理咨询师来协助自己，以减少消极情绪，减轻心理压力。

职场·小·故事 ≫

一个刚刚毕业的青年，从小到大都一帆风顺：在家亲人疼，在学校老师也很喜欢他。然而刚刚走上工作岗位，青年就遇到了前所未有的困难。一天，青年在路上遇到了大学时的老师，老师关心地问起他的境况来。

青年可算找到了诉苦的人，便一五一十地向老师倾诉自己的困境。

老师听完了青年的抱怨，只是笑了一下，然后问青年："你的境况的确不是特别理想，那么，你想怎么改变现状呢？"

青年苦恼地低下了头："我又何尝不想改变，可是怎么去改呢？老师，您指点我一下吧。"老师点了点头说："好吧，你明天晚上如果有空，就到这个地址来找我！"说着，老师递了张名片给青年。

第二天晚上，青年如约前往。老师看到青年，便把他领到了天台上，跟他一起聊天、看星星。老师一直说着无关痛痒的话，青年有些不耐烦了，一直在求老师给予指点。

又过了好一会儿，老师才微笑着指着天上的星星说："你可以数得清天上有多少颗星星吗？"

青年疑惑地说："当然数不清了，这和我有什么关系？"老师认真地看着青年，语重心长地说道："孩子，在白天，我们所能看到最远的东西，是太阳；但在夜里，我们却可以见到超过太阳亿万倍距离以外的星体，而且不止一个，数量是多到数不清的。"青年还是摸不着头绪，这又和他有什么关系呢？

老师停了片刻，继续说："我知道你的处境不顺利，但如果年轻时便一帆风顺，终其一生，你也只不过看到一个太阳；更重要的是，当你的人生进入黑夜时，你能否看到更远、更多的星星。"

青年恍然大悟，感到自己一下子充满了力量，准备挑战困难了。

活动与实践 >>

抗挫折能力自测

遇到挫折的时候，你是陷入低落情绪，还是扛得住压力？做个测试看看自己的抗挫折能力吧！

请在下列答案中，选出最适合自己的一项。（A=0分，B=2分，C=1分）

1. 有十分令你担心的事时，你会（　　）。

A. 无法工作

B. 照常工作

C. 介于二者之间

2. 碰到讨厌的对手时，你会（　　）。

A. 无法应付

B. 应付自如

C. 介于两者之间

3. 遇到难题时，你会（　　）。

A. 失去信心

B. 动脑筋解决问题

C. 介于两者之间

4. 困难落到自己头上时，你会（　　）。

A. 嫌弃和厌恶

B. 认为是锻炼自己的好机会

C. 兼而有之

5. 产生自卑感时，你会（　　）。

A. 不想再干工作

B. 振奋精神去干工作

C. 介于两者之间

6. 领导分配给你很困难的任务时，你会（　　）。

A. 顶回去了事

B. 想尽一切办法完成

C. 顶一会儿再去干好

7. 工作条件恶劣时，你会（　　）。

A. 无法干好工作

B. 克服困难干好工作

C. 介于二者之间

8. 工作中感到疲劳时，你会（　　）。

A. 总是感到疲劳，脑子不好使

B. 休息一会儿，忘却疲劳

C. 介于两者之间

9. 面临失败时，你会（　　）。

A. 破罐子破摔

B. 将失败变为成功

C. 随机应变

计算自己的总分并对照下面的结果进行分析。

16分及以上，你的抗挫折能力很强，能抵抗失败和挫折。

10～15分，你虽有一定的抗挫折能力，但受到一些较大的打击时会有放弃的念头，须加强心理素质的锻炼。

9分及以下，你的抗挫折能力亟须提高，甚至一些微小的挫折就能让你消沉半天。

职场·小·练手 》》

亲爱的同学，通过上面的学习，相信你对抗挫意识有了更加深入的了解。作为一个勇于面对挫折的同学，送给自己几句话吧！

_____

_____

_____

_____

_____

职场·小·收获 »

亲爱的同学，请将你在本节课学习、活动中的收获、体会和成长记录下来吧！

_____

_____

_____

_____

_____

化解误解，搭建沟通桥梁

在一家知名的互联网公司，有两个重要的部门——技术研发部和市场推广部。由于工作性质的不同，两个部门的员工之间常常存在误解和沟通障碍。

技术研发部的小李是一位才华横溢的工程师，他带领团队不断为公司研发新的产品。然而，由于他过于专注于技术细节，常常忽略了市场推广部对于产品功能和用户需求的反馈。而市场推广部的王经理则负责将公司的产品推向市场，她深知用户对于产品的期望和市场的需求。

一天，公司决定推出一款新的社交应用产品。小李带领团队夜以继日地工作，开发出了一款功能强大的产品。但在产品即将上线前，市场推广部的王经理提出了一些担忧，她认为产品中的某些功能过于复杂，不符合目标用户的使用习惯。

小李听到这些反馈后，心中有些不满。他认为自己的团队已经付出了巨大的努力，而且产品的功能都是经过精心设计的。但王经理坚持认为，产品的易用性对于市场推广至关重要。两人之间的争执逐渐升级，部门之间的紧张气氛也越来越浓厚。

就在此时，公司的总经理发现了这个问题。他意识到，两个部门之间的误解和沟通障碍已经影响到了公司的整体运营。于是，他主动召集两个部门的负责人，进行了一次深入的沟通。

在总经理的协调下，小李和王经理开始尝试站在对方的角度思考问题。小李了解到，市场推广部更关注产品的市场接受度和用户体验；王经理也意识到，技术研发部在产品开发过程中付出了巨大的努力。两人开始相互理解，并共同探讨如何改进产品以满足市场需求。

经过多次沟通和讨论，他们最终达成了一致意见。小李带领团队对产品进行了调整和优化，使其更加符合目标用户的使用习惯；而王经理则利用自己的市场经验，为产品制定了一套有效的推广策略。最终，这款社交应用产品成功上市，并获得了用户和市场的好评。误解得以化解，两个部门开始更加紧密地合作，共同推动公司发展。

想一想 这个故事给了我们怎样的启示呢？

素养加油站 »

创新是一个国家、一个民族发展进步的不竭动力，是推动人类社会进步的重要力量。在激烈的国际竞争中，唯创新者进，唯创新者强，唯创新者胜。创新意识对于中职生未来的职业发展和个人成长至关重要。

一、创新意识的内涵

创新意识是指人们根据社会和个体发展的需要，引起创造前所未有的事物或观念的动机，进而在创造活动中表现出的意向、愿望和设想。创新意识是人类意识活动中的一种积极的、富有成果性的表现形式，是人们进行创造活动的出发点和内在动力。

互动小空间 »

给你一盒火柴、一盒钉子、一把锤子，你能想出什么办法把燃烧的蜡烛固定在墙上？

二、创新意识的构成

创新意识包括创造动机、创造兴趣、创造情感和创造意志。

创造动机是创造活动的动力因素，能推动和激励人们发动和维持创造活动。

创造兴趣能促进创造活动的成功，是促使人们积极探求新奇事物的一种心理倾向。

创造情感是引起、推进乃至完成创造的心理因素，只有具有正确的创造情感才能使创造成功。

创造意志是在创造中克服困难、冲破阻碍的心理因素。创造意志具有目的性、顽强性和自制性。

创新意识与创造性思维不同，创新意识是引起创造性思维的前提和条件，创造性思维是创新意识的必然结果，两者之间具有密不可分的联系。创新意识是创造性人才所必须具备的。创新意识的开发是创造性人才培养的起点。

互动·小·空间 >>

> 有一次，爱迪生拿了个梨形灯泡，请助手阿普顿测算一下灯泡的容积。阿普顿拿起灯泡就开始测算。他先测量灯泡的直径和高度，然后进行计算。灯泡的形状很不规则，有像球的地方，又有像圆柱之处，测算起来十分复杂。没一会儿，阿普顿的桌上就摆满了稿纸，上面画满了草图，写着密密麻麻的计算公式。
>
> 两小时就这么过去了，阿普顿急得满头大汗，公式换了十几套，结果还是没有算出来。
>
> 爱迪生做完自己的工作后，走到阿普顿跟前，观察和沉思了一会儿后，笑着说："阿普顿，你能否用另一种方法计算呢？"

说一说 你能想到什么计算方法呢？

➡ 三、创新意识的培养

（一）激发探索欲望

古往今来，有很多发明创造和真知灼见都是通过不断探索而获得的。人们的探索欲望，常常表现为强烈的好奇心。好奇心使人们对事、对人充满兴趣，而有了兴趣便想去质疑、去探究。人们一旦对某个问题产生好奇心，对该方面的知识便会更感兴趣，同时注意力会更集中，思维会更活跃，潜能也往往会在这时释放出来，创造性也会空前高涨。

（二）增强顽强意识

人不可能事事一帆风顺，都会遇到困难，碰到挫折，如果没有超强的抗挫折能力，没有百折不挠的顽强毅力，而是怕苦畏难，遇到风险便止步，这样就永远不可能获得成功，更不要说取得创新性成果。其实，困难、挫折也是一笔财富，危急时刻，人们往往会斗志昂扬，思维活跃，意志也更加坚定。只有不畏艰难，才能集中精力解决矛盾，进而战胜困难。

（三）树立问题意识

什么是"问题意识"？就是主动发现问题、找准问题、分析问题的自觉意识。我们常说的"防患于未然"，或者要具有"危机意识"，都是人们在日常生活中主动强化"问题意识"的表现。"问题意识"是解决矛盾的思想前提。可以说，能够准确地发现和提出问题就等于解决了一半问题。只有树立"问题意识"，才能更主动地去改造主客观世界。

职场·小·故事 >>

放掉点气

一辆货车在通过一个天桥时，因为司机没有看清天桥的限高标记，结果货车正好被卡在了天桥下面。因为装的货物很重，所以很难一下子把货车开出来。

为了弄出这辆货车，司机和当地交管部门的工作人员用尽各种办法，都无济于事。这时，围观的一个小孩子走了过来，笑着说道："你们为什么不把车胎里的气放点出来呢？"

大家稍一想，都觉得这个小孩子说得在理。于是，司机便放了一些车胎里的气，货车的高度降了下来。最终，货车顺利地开过了天桥。

活动与实践 »

1. 请同学们来试一试，如何做到任意移动一根火柴棒使等式成立。

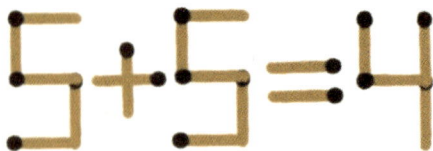

$$5+5=4$$

2. 拓展阅读。

宋徽宗赵佶酷爱书画，曾在全国招考画师，题目是"深山藏古寺"。有的考生在山腰间画座古庙，半遮半露，总算有"藏"的意思。有的考生只让古寺露出一小角，也算是"藏"了起来。但满分答案是，崇山峻岭间的小道上有一个和尚在挑水。有和尚挑水，就说明附近一定就有他住的寺庙，但寺庙在哪里，却看不到。画作构思巧妙，达到了含蓄内敛、虚实相生的境界。

职场·小·练手 »

亲爱的同学，通过上面的学习，相信你对创新意识有了更加深入的了解。作为一个具有创新意识的同学，送给自己几句话吧！

_____

_____

_____

_____

_____

职场·小·收获 >>

亲爱的同学，请将你在本节课学习、活动中的收获、体会和成长记录下来吧！

_____

_____

_____

_____

_____

专题四 >> 职业关键能力培养

随着社会的发展，各行各业对于从业者的职业能力不断提出新要求。在职场中，拥有协调沟通能力、自我管理能力、自我学习能力和解决问题能力等职业关键能力的从业者，能够更好地适应不断变化的工作。对于中职生而言，养成职业关键能力，有助于更好地适应未来的工作和生活。

观察与思考 »

美国知名主持人林克莱特有一天采访一名小朋友。他问小朋友："你长大后想要做什么呀？"

小朋友天真地回答："嗯……我要当飞机的驾驶员！"

林克莱特接着问："如果有一天，你的飞机飞到太平洋上空后所有引擎都熄火了，你会怎么办？"

小朋友想了想说："我会先告诉坐在飞机上的人绑好安全带，然后我挂上我的降落伞跳出去。"

当在场的观众笑得东倒西歪时，林克莱特继续注视着这孩子，想看他是不是自作聪明的家伙。

没想到，接着孩子的两行热泪夺眶而出，这才使得林克莱特发觉这孩子的悲悯之心远非笔墨所能形容。

于是，林克莱特问他说："你为什么要这么做？"

答案透露了这个孩子真挚的想法："我要去拿燃料，我还要回来！"

想一想　这个故事给了你怎样的启发？

素养加油站 »

无论是在日常生活、学校生活中，还是在职场中，沟通都是非常重要的。当家人之间出现误会、同学之间出现冲突时，我们应该保持冷静和开放的心态，尝试站在对方的角度思考问题。通过有效的沟通和协调，我们可以化解误会和冲突，进而实现共同的目标。协调沟通能力是我们生活中不可或缺的一部分，更是未来职业生涯成功与否的关键，也是职业关键能力的重要组成部分。

➤ 一、沟通协调的内涵

沟通协调能力不仅指向一个人的学识，而且指向其修养与德行。有效的沟通是提高工作效率、促进彼此了解的途径。

处理关系也是一门学问。勤于观察、善于换位思考、能够理解别人的人才能和身边的朋友和同事相处得融洽，一起工作起来才更有效率。良好的沟通协调能力是工作的基础，如果在人际沟通中出现问题，则会给后期的工作造成很多的障碍。沟通不畅会导致组织混乱、效率低下。团队成员只有进行充分的沟通，并在沟通的基础上明确各自的职责，才能搞好协作，形成合力。

互动小·空间 ≫

短四寸的裤子

小宏明天就要参加中学毕业典礼了，怎么也得精神点，以把这一美好时光留在记忆之中。于是，他高高兴兴上街买了条裤子，可惜裤子长了两寸。吃晚饭的时候，趁奶奶、妈妈和嫂子都在场，小宏把裤子长了两寸的问题说了一下，饭桌上大家都没有反应。饭后大家都去忙自己的事情了，这件事情也就没有再被提起。

妈妈睡得比较晚，临睡前想起儿子明天要穿的裤子还长两寸，于是就把裤子剪好、叠好放回原处。夜里，狂风大作，窗户"哐"的一声把嫂子惊醒了。嫂子猛然想起小叔子的裤子长了两寸，自己辈分最小，怎么着也是自己去做，于是披衣起床将裤子处理好才又安然入睡。奶奶觉轻，每天一大早起来给孙子做饭，水未开的时候她也想起孙子的裤子长了两寸，便马上快刀斩乱麻。最后，小宏只好穿着短四寸的裤子去参加毕业典礼。

说一说 这个故事给了你怎样的启发？

二、沟通协调的原则

（一）平等和信任原则

平等和信任是沟通的基础。只有在平等和信任的基础上，沟通活动才能顺利进行。沟通的目的是实现信息互通、情感交流。要实现双向沟通就必须平等对话。如果有一方处于弱势，其说话时会有所保留，做不到知无不言、言无不尽，而处于强势的一方则高高在上、优越感强、不屑于表达，那么沟通很容易失败。

因此，双方在平等和信任的基础上开展沟通交流才能顺畅且高效。

（二）尊重和坦诚原则

沟通先从尊重对方开始。沟通时一定要注意细节并保持尊重的态度。关注对方的需求，专注倾听对方的话，不因外界事物的干扰而分心。不交流不相干的话，不打断对方的话，不批判对方，不与对方争辩是非。积极听取对方的意见和建议，尤其是不同的声音。尊重他人是实现有效沟通的不可或缺的条件。此外，还需坦诚待人。有研究表明，一段关系里，坦诚地说出自己的感受和听取当事人对自己的看法，可以减少大约 80% 的烦恼和胡思乱想。

尊重和坦诚缺一不可，因尊重而坦诚，因坦诚而赢得尊重。只有坚持尊重和坦诚的原则，才能达到顺畅沟通的目的。

（三）礼貌和宽容原则

礼貌和宽容是沟通的润滑剂。在人际沟通交往中必须以礼待人，以增进人与人之间的感情，建立良好的人际沟通和信任关系。沟通过程中会出现不同意见和看法，甚至产生矛盾。如何冷静处理这类问题？首先要提高个人的职业核心素养，要有宽广的胸怀。金无足赤，人无完人。只有宽容大度，"存大同去小异"，才能成功沟通，进而达成共识。

互动·小·空间 »

鸟带着一群猪去觅食，鸟越飞越高，视野也越来越开阔，当它看到前方有一片红薯地的时候，拼命地喊着："快，快，快，前面有一块红薯地。"可是，猪却无动于衷，因为它们的正前方有一条越不过去的河沟。

说一说 这个故事给了你怎样的启发？

三、沟通协调的应对策略

（一）营造良好的谈话氛围

良好的谈话氛围是谈话双方和谐沟通的基础。沟通也许会因为双方情绪激动、意见分歧等无法进行下去，这时我们需要跳出圈子，主动采取一些缓和气氛的办法。

1. 暂停

当双方情绪激动的时候，可以尝试采取一些措施来缓和气氛。例如，休息几分钟。暂停谈话不仅能够缓和紧张的气氛，还能够帮助我们捋清思路，重新审视对方观点，调整好状态，组织好语言，进而头脑清醒地继续洽谈。

2. 巧用幽默

幽默是打破僵局、调节谈话气氛的好办法。幽默能使人们化干戈为玉帛，巧妙地消除彼此之间的隔阂。

3. 道歉

道歉也可以缓和尴尬的气氛。真诚的致歉，不仅能让自己处在安全氛围中，也能让对方放下戒备，继续沟通。

4. 对比说明

对比说明可以更清晰地表达观点、增强说服力，并使信息更容易被理解和接受。通过对两个或多个对象、概念或事物的特点、性质、功能等进行比较和分析，能够帮助对方更好地理解和把握对象、概念或事物，进而帮助其做出更科学合理的决策和评价。

5. 创建共同目的

有时候，我们发现与对方存在不同意见、情绪激动时，以上几种方法都没办法帮助到我们，那么我们可以尝试科里·帕特森在《关键对话》一书中提出的运用 CRIB 创造共同目的的方法：当你感到对方和你的目的不一致时，应当这样做，暂停充满争议的对话内容，关注对方的真正目的是什么，然后努力创建共同目的。

积极寻找共同目的——做出单边承诺，表示愿意继续进行对话，直到找出让双方都满意的解决方案。

识别策略背后的目的——询问对方为什么想要实现所说的目的，分清他们的要求和要求背后的真正目的。

开发共同目的——如果明确双方目的之后仍无法取得一致，那就想办法开发级别更高、更为长远，能够帮助双方避免争执的新目标。

和对方共同构思新策略——明确共同目的之后，你应当和对方一起寻找对双方都有利的解决方案。

（二）准备明确的谈话内容

谈话内容的准备，并不适用于简单的沟通。当我们需要和对方进行一次深度谈话来解决问题、达成共识的时候，就需要做好必要的准备。一场重要谈话前需要准备的提纲，也就是《关键对话》一书中提到的关键对话的引导性思维：

①我的目标是什么？

②我希望为对方达成的目标是什么？

③我希望为两人关系达成什么目标？

④为了达成以上目标应该怎么做？

故事 1：

小王是某部门的职员。有一次，领导让小王写一份部门某项工作报告。小王之前没有接触过此类工作，一时没有了方向，于是向领导请示如何写。领导让他自己想办法解决。于是，小王按照自己的理解完成了报告，并交给了领导。领导看到后，十分不满意，让小王重写一份，但时间已经不够了……

结合上述案例，我们来分析一下小王不能按时完成工作的原因。其一，双方没有建立起平等和信任的关系。其二，双方没有进行有效的沟通。小王没有向领导说明自己的困惑，领导也没有以平等的姿态和下属沟通，反而盛气凌人，不屑表达。

故事 2：

主人出去打猎，留狗在家看护婴儿。

主人回来后，看见血染的被毯，却不见婴儿。

而狗呢，一边舔着嘴边的鲜血，一边高兴地望着他。

主人大怒，抽刀刺入狗腹。狗惨叫一声，惊醒了熟睡在血迹斑斑的毯子下面的婴儿。这时，主人才发现屋角躺着一条死去的恶狼。

活动与实践 >>

练习对比法

仔细阅读以下情境，拟定你的"对比法"陈述句。记住，将你不希望的与你希望的进行对比，并用一种可以使别人感到安全的方式表达出来。

气愤的室友。你让室友把冰箱里的东西从你的格子挪到他自己的格子上去。你觉得这并不是什么大事，只是平均分配里面的空间而已。你没有别的意思，你非常喜欢这位室友。他却回答道："你又来了，你总是告诉我应该怎样生活，好像如果你不跑进来告诉我的话，我连吸尘器的清洁袋都不知道怎么换！"

拟定你的"对比法"陈述句：

我不希望 _____

我希望 _____

敏感的员工。你准备和你的员工雅各布好好谈一谈，每次别人给他提意见时，他就大发脾气。昨天，一位同事告诉雅各布，希望他在公司餐厅吃完饭后，自己收拾干净（别人都是这么做的），他又生气了。你决定和他好好谈谈。当然，你也要给他提意见，这通常会让他发火。因此，你应该小心，你要使用正确的声调，并且谨慎说出你想说的内容。毕竟你很喜欢雅各布，而且每个人都喜欢他，他很有幽默感，还是公司里最能干、最勤奋的员工，如果他能不那么易怒的话，就更好了。

拟定你的"对比法"陈述句：

我不希望 _____

我希望 _____

资料来源：科里·帕特森，约瑟夫·格雷尼，让·麦克米兰等. 关键对话［M］. 北京：中国财政经济出版社，2004.

职场·小·练手 >>

亲爱的同学，通过上面的学习，相信你对协调沟通有了更加深入的了解。面对沟通不畅的情况，你准备如何解决呢?

_____

_____

_____

_____

_____

职场·小收获 ≫

亲爱的同学，请将你在本节课学习、活动中的收获、体会和成长记录下来吧！

_____

_____

_____

_____

_____

观察与思考 》

　　小丽，刚刚入职一家知名的广告公司。初来乍到，面对繁忙的工作、激烈的竞争和复杂的人际关系，小丽感到有些力不从心。然而，她并没有因此气馁，而是决定通过自我管理，逐渐提升自己，在职场中站稳脚跟。

　　小丽深知时间管理的重要性。她制订了详细的工作计划，并严格按照计划执行。她学会了区分任务的优先级，优先处理重要且紧急的工作。同时，她还利用碎片时间学习新知识和新技能，不断提升自己的专业素养。通过有效的时间管理，小丽逐渐适应了快节奏的工作环境，并在工作中取得了不错的成绩。

　　情绪控制也是小丽自我管理的重要方面。面对工作中的压力和挫折，她学会了保持冷静和乐观。她经常告诉自己："这只是一次挑战，不是终点。"她通过深呼吸、短暂休息等方式调整自己的心态，保持积极向上的精神状态。当遇到问题时，她积极与同事沟通，寻求帮助和支持，共同解决问题。这种情绪管理的能力让她在困境中不断成长，逐渐变得坚强和自信。

　　小丽还注重目标设定与追踪。她为自己设定了明确的职业目标，并制订了详细的实施计划。她定期回顾自己的工作进展，分析存在的问题和不足，并制定相应的改进措施。她不仅关注个人的成长和发展，还关注团队和公司的整体目标。她积极参与团队的讨论和协作，为团队的发展贡献自己的力量。通过不断追踪和调整目标，她逐渐实现了自己的职业梦想。

　　除了以上方面，小丽还非常注重持续学习。她认为只有不断学习才能跟上时代的步伐。她利用业余时间参加各种培训课程和学习活动，不断提升自己的专业技能和知识水平。她还关注行业动态和新技术发展，不断拓宽自己的视野和思路。这种持续学习的精神让她在职场中始终保持竞争力。经过几年的努力，小丽逐渐成长为公司的中层管理者。

想一想　这个故事给了你怎样的启发？

成功始于自我管理。自我管理是一件很重要但同时又很难做到的事。鉴于此，青少年有必要通过学习正确的理念和方法，实现对自身的清晰认识，进而采取有效的管理方法。

⇨ 一、自我管理的内涵

自我管理是指个体对自己的目标、思想、心理和行为等进行的管理，是自己把自己组织起来，自己管理自己，自己约束自己，自己激励自己，最终实现自我奋斗目标的一个过程。

自我管理一般包括六项内容：职业生涯规划管理、学习管理、时间管理、计划管理、情绪管理和压力管理。

对于个人来说，自我管理有助于提高个体学习、工作的积极性，大大增加其获得职业成功的可能性；有助于个体养成良好的生活习惯，从而对生活产生更大的热情和信心。

对于企业来说，自我管理有利于企业的资源得到充分利用，使企业获取更大的收益；还有利于形成良好的企业氛围。如果每个人都能做到有效自我管理，那么团队、部门、企业的运行就会更加顺畅。

职场·小·故事 ≫

小刘是某公司财务总监高级助理，其实就是未来财务部的"掌舵人"。他是公司出了名的急脾气和火药桶，凡是有违财务管理制度的行为和事情，无论是亲眼所见还是听到了风声，他都要和当事人好好理论一番。如若话不投机或者当事人还要与之争辩，小刘轻则吵吵嚷嚷、不依不饶，重则拍桌子，甚至是上纲上线。公司的许多员工甚至是中、高层领导，都有点害怕跟他打交道。而财务总监即将退休，又是一个老好人，常常是睁一只眼，闭一只眼。

问题的根源在于，小刘的出发点是公司的利益，因此，他的刚直、执着和火爆，自然也是得到了老板的充分肯定和公开赞赏。一般情况下，大家也只好忍一忍或者退一步。

在这种氛围中，小刘的脾气自然也愈发张扬。在日常工作中，他根本就不会、也不觉得需要控制自己的情绪。

公司大部分员工都很反感他，并且意见很大，他几乎成为公司里的一座人际孤岛。财务总监退休后，走马上任的小刘很快就尝到了其中的苦涩与困扰：支持和配合跟不上节奏不说，投诉和意见倒是满天飞，问题和矛盾更是日益凸显。最终，公司只好重新聘请了一名财务总监。

❖ 二、自我管理的前提：认识自我

（一）认识自我的价值观

1. 价值观的内涵

简单来说，价值观是指个体对周围事物是非、善恶和重要性的评价。价值观指导着个体该做什么和不该做什么。20 世纪中期，唐纳德·舒伯（Donald Super）等人研究发现价值观的确是影响职业生涯抉择的一个重要因素，且与随后的工作满意度相关。

2. 工作价值观的类型

德国的斯普兰格（Spranger）将工作价值观分为六种类型：理论型、经济型、审美型、社会型、权力型和宗教型。

罗克奇价值观系统是由心理学家罗克奇（Rokeach）提出的，其将价值观分为两类：终极性价值观和工具性价值观。终极性价值观通常代表一个人希望通过一生来实现的目标。工具性价值观则是指那些有助于实现终极性价值观的手段或行为，它们关注的是如何达到这些目标。

马丁·凯茨（Martin Katz）提出了 10 种与工作有关的价值观：高收入、社会声望、独立性、帮助别人、稳定性、多样性、领导力、在自己感兴趣的领域工作、休闲、尽早进入工作领域。

3. 价值观澄清

美国著名的教育学家西蒙、拉斯等人通过研究发现，信念、态度等必须经过如下三个阶段、七个步骤才能成为个人的价值观。

选择：自由选择、从多种可能中选择、对结果深思熟虑后选择。

珍视：珍视与爱护自己的选择、确认即以充分的理由再次肯定这种选择。

行动：依据选择行动、反复地行动。

（二）认识自我的兴趣

1. 兴趣的内涵

兴趣是个体认识某种事物或从事某种活动时的心理倾向，是推动个体认识事物、探索真理的无形动力。

职业兴趣是指个体对特定职业或工作产生的心理倾向以及愿意为之投入的态度。从事与兴趣相符的工作，则容易增加个体的工作满意度和职业成就感。

2. 寻找兴趣的方法

第一，正式评估。通过专业人士开发的心理测评量表，如霍兰德职业兴趣测试、斯特朗 - 坎贝尔兴趣调查表等，了解自己的职业兴趣。

第二，自我反思。主动思考"自我"这一概念，通过在生活中有意识地关注自己的兴趣点，并不断进行反思、总结，最终挖掘自身的职业兴趣。

第三，进行咨询。向家长、教师、同学等人咨询，看一看他人眼中的自己有什么特别之处。

（三）认识自我的能力

1. 能力的内涵

能力是个体在完成某项活动的过程中所表现出来的综合素质。职业能力是个体从事某种职业的多种能力的综合，通常由三方面组成：入职前的任职资格、职场中的职业素质以及职业生涯管理能力。

2. 能力的类型

根据活动领域的不同可以将能力分为一般能力、特殊能力、再造能力、创造能力、认知能力、元认知能力等。

美国著名心理学家加德纳（H. Gardner）提出了多元智能理论。该理论将人的智能分为言语语言智能、数理逻辑智能、视觉空间智能、音乐韵律智能、身体运动智能、人际沟通智能、自我认知智能、自然观察智能。

由此得知，智能的内涵是多元的，所有个体都在不同程度上拥有几种基本智能，智能之间的不同组合表现出个体间的智能差异。因此，个体有必要找到自己的能力优势并根据优势选择相应的职业。

3. 提升能力的方法

第一，发挥优势。能力优势是个人最大的竞争力，在寻找到这种优势之后要将其充分发挥，以增加个体的不可替代性。

第二，补齐短板。根据木桶理论，一个木桶能装多少水取决于它最短的那块木板。有时候短板会成为个体的致命弱点。因此，如果个体身上存在短板，就一定要及早将其找出，进而消除这块短板形成的制约因素，实现整体功能的最大限度发挥。

➤ 三、自我管理的方法

（一）职业生涯规划管理

明确的职业目标和发展计划是个体在事业上取得成功的必要条件。（具体内容参见专题一学习主题3）

（二）学习管理

在知识经济时代和终身学习的背景下，个体要搞清楚"为什么学"、"学什么"以及"怎么学"这三个问题。"为什么学"体现了个体的学习目标，良好的目标设定应该从追求知识本身出发，这有助于个体产生积极且持续的学习动机。"学什么"关乎学习内容的选择，需要考虑自身兴趣与教学要求，从而促进个体全面健康地发展。"怎么学"涉及学习策略与学习方法，科学的方法能大大提高学习效率，因此个体可以通过观察、咨询、尝试等方式找到最适合自己的学习方法，以达到事半功倍的学习效果。

（三）时间管理

1. 遵循人的生理规律

心理学研究表明，人的精力有首尾效应，也就是说人们倾向于记住开始和末尾的事情，因此高效的时间管理者应该把最重要的任务放置于学习或者工作的首尾。

2. 高效利用整块时间

随着生活中的干扰因素逐渐增多，人们专心做事的整块时间越来越少，因此对这部分时间一定要格外珍惜，提前规划好如何使用，对任务进行优先级排序，保证用整块时间完成最重要的工作。

3. 合理利用零散时间

现代社会，人们的时间越来越碎片化，但是这许许多多零散的时间积少成多，其价值也不可小觑，所以应见缝插针，学会分解任务，化整为零，珍惜每一寸光阴。

4. 关注他人时间

在日常交往中，人们越来越注重合作的重要性，但每个人都有自己的工作与计划，很难就时间问题达成一致。因此，在规划自己时间的同时，也应该考虑对方的行程，以寻求时间的最优解。

互动·小·空间 »

我刚刚过去的 24 小时

时间 10 分钟，请按要求描述。

- 分类：日常生活、学习、娱乐、运动……
- 举例：睡觉 9 小时，学习 6 小时……
- 注意：睡觉前或起床前网络聊天、玩游戏等时间列入娱乐时间；上课时做其他事情的时间请归纳列出。

说一说 请描述你刚刚过去的 24 小时。

（四）计划管理

在做事之前要有明确的目标和安排，从而使工作和生活有条不紊。

（五）情绪管理

1. 自我暗示

自我暗示是个体通过语言、形象、想象等方式，对自身施加影响的心理过程，可分为积极自我暗示和消极自我暗示。积极自我暗示能使个体产生乐观的情绪和自信心，能调动个体的内在动力，引导个体发挥主观能动性。消极自我暗示会强化个体的弱点，唤醒其自卑、怯懦、嫉妒等负面情绪。在情绪管理中，我们要多利用积极自我暗示来解决情绪问题。

2. 转移注意力

这是一种把注意力从此刻不愉快的事情上转移到其他事情上的自我调节方法。例如，听愉快的音乐，外出跑步，看喜剧电影，等等。

3. 适度宣泄

适度宣泄对于缓解个人情绪是有好处的，但要注意采取适当的方式，以免造成不良的后果。例如，在空旷无人的地方大喊，向值得信赖的人倾诉，等等。

互动·小空间 >>

钉木桩

从前，有个脾气不好的孩子，与人相处时稍有不顺就喜欢发脾气，所以没有人愿意和他玩。他越来越懊恼，于是他就回家问爸爸："爸爸，我的脾气这么差，小朋友都不愿意和我玩了，我该怎么办啊？"

他的爸爸说："这个世界上有一种生意永远是亏本的，那就是发脾气。如果你想改掉这个毛病，你就这样做——每冲别人发一次脾气，你就往家里的木桩上钉一颗钉子。"

这个孩子按照爸爸的要求做了。他每发一次脾气就往木桩上钉一颗钉子。日子一天一天过去了，桩子上已经钉了许多钉子。

一天，他找来爸爸说："爸爸，你看木桩上已经被我钉满了钉子，怎么办呢？"

爸爸说："从今天开始，如果你再想发脾气的时候，你就忍着，如果你可以忍住的话，就可以从木桩上拔下一颗钉子。每忍一次，就拔下一颗钉子。"

孩子也照着做了。又过了一段时间，孩子发现自己发脾气的次数少了，基本上可以忍住不发脾气了，木桩上的钉子也被拔光了。

有一天，他和爸爸说："爸爸，我现在已经不爱发脾气了，木桩上的钉子也已经被拔光了，可是现在木桩上全是拔掉钉子后留下的洞，很不好看。"

爸爸语重心长地说："孩子呀！你冲别人发一次脾气，就像往木桩上钉了一颗钉子，就算拔掉了，也会在别人的心灵上留下伤疤。最好的办法，就是要学会宽容大度，不要轻易发脾气，那么也就不会给别人留下心灵伤疤。"

说一说 这个故事给了你怎样的启发？

（六）压力管理

1. 冥想放松法

找一处安静的环境，选择一个舒适的姿势，调节呼吸，将注意力全部集中在自己身上，忘掉外界的一切烦恼与不快。

2. 重新规划

许多时候压力的产生是由于时间紧、任务重，这时候就需要停下脚步，跳出当前繁乱的状态，将事情捋一捋，重新规划行动方案，然后采取高效的方式完成工作。

3. 与人交往

当压力过大时，不建议长时间独处，可以主动找亲朋好友谈心，一方面缓解压力，另一方面寻求困难的破解之道。

职场·小·故事 »

帕累托法则训练

　　帕累托法则又名二八定律、80/20 定律，是由 19 世纪末 20 世纪初意大利经济学家帕累托（Pareto）提出的。帕累托认为，在任何一组东西中，最重要的只占其中一小部分，约 20%，其余 80% 尽管是多数，却是次要的。该法则最初用来解释社会上 20% 的人占有 80% 的社会财富。后来又被解释更多现象，如通常一个企业 80% 的利润来自它 20% 的项目，20% 的人身上集中了人类 80% 的智慧……

　　帕累托法则不仅在经济学、管理学领域应用广泛，对我们的自身发展也有重要的现实意义：要学会将时间和精力花费在主要事情上。一个人的时间和精力都是非常有限的，要想真正"做好每一件事情"几乎是不可能的，要学会合理地分配时间和精力。要想面面俱到还不如重点突破，把 80% 的资源花在能出关键效益的 20% 的方面，这 20% 的方面又能带动其余 80% 的发展。

活动与实践 »

结合帕累托法则回答以下问题：

1. 哪些工作你花费了 80% 的精力，却只获得了 20% 的收益？

_____

_____

2. 哪些工作你花费了 20% 的精力，却获得了 80% 的收益？

_____

_____

3. 为了实现效率最大化，我们该做什么样的工作？

_____

_____

职场·小·练手 》

亲爱的同学，通过上面的学习，相信你对自我管理有了更加深入的了解。你准备制订一个怎样的自我管理计划呢？

_____

_____

_____

_____

职场·小·收获 》

亲爱的同学，请将你在本节课学习、活动中的收获、体会和成长记录下来吧！

_____

_____

_____

_____

观察与思考 »

麻雀与兔子的故事

一只麻雀悠闲地在一棵大树上休息，看起来很是惬意。兔子经过后，羡慕起它的生活，就问麻雀："我能过上像你这样什么事儿都不用干的生活吗？"

麻雀回答："当然可以。"

于是，兔子就学着麻雀的样子坐在地上休息，很是自在。只是，还没休息一会儿，一直潜伏在不远处的狼就窜了出来，一口将兔子咬死并吃掉了。而麻雀还待在树上，悠闲地休息着。

想一想　这个故事给了你怎样的启发？

素养加油站 »

自我学习能力是个体应该具备的重要能力之一。无论起点有多高，如果不持续进取，不修炼业务技能，你的事业终将停滞不前。

一、自我学习的内涵

（一）自我学习的内涵

自我学习即独立学习、自主学习，自我学习是与传统的接受学习相对应的一种现代化学习方式。通过自我学习，个体的知识与技能获得持续的增长和提升、内心世界变得更加充实、情感得到不断的丰富。

（二）自我学习的特征

1. 自主性

自我学习是个体带着浓厚的学习兴趣和强烈的学习动机，进行自觉自愿的学习。自我学习不依靠外在的压力，完全出于个人的自觉和自愿，因此具有自主性。自我学习是学习主体将学习纳入自己的生活结构之中，并将其作为生命过程中不可分离的有机组成部分。

自我学习的主体具有学习的主观愿望、一定的学习潜能和独立自主安排学习进程的能力。自我学习的主体能够对外界的刺激信息进行独立的思考、分析，能够依靠自己的力量克服学习进程中遇到的各种障碍，确保学习计划按时完成。

2. 探究性

探究性是自我学习的特征之一，是学习主体在学习兴趣的驱动下对知识进行探究的过程。在自我学习的过程中，学习主体带着浓厚的学习兴趣对知识进行探究，发现前后知识之间的内在联系，探究事物发展变化的规律，从而加深对知识的理解、记忆。探究性学习有利于培养个体的钻研精神，有利于提高个体的创新能力。

3. 自律性

要保质保量地完成自我学习的任务，自律是必不可少的。学习主体在学习之前要制订学习计划，而后严格按照计划去学习。在自我学习的过程中，我们可能会受到外界事物的干扰，导致自我学习的效率变低，这时我们就要严格地约束自己，时刻提醒自己要按照计划完成学习任务。同时，自律也是自我磨炼的过程，磨炼沉着的心态、磨炼持之以恒的精神，在这个过程中个体的注意力和意志力也得以培养。

4. 知识性

在自我学习的过程中，自身拥有的知识可谓一笔宝贵的财富。原有的知识储备越丰富，在自我学习的过程中我们对新知识的理解就会越容易，就越能透彻地掌握新经验，学习效率就越高。我们要一边识记知识，一边学会运用知识、拓展知识，做到举一反三，这样我们的学习效率才能大大提升。学习是没有尽头的，"活到老学到老"，自我学习将贯穿我们生命的全过程。只有具备丰富的知识，才能在遇到问题时有解决问题的基本理论功底，才能更加沉着、冷静地去应对。

5. 过程性

自我学习是个体自我内部知识体系构建的过程。在这个过程中个体吸收新的知识，并与以往掌握的知识相结合，从而建立更加完备丰富的知识体系。自我学习的过程有时是孤独的甚至是枯燥的，我们应该学会以积极的心态面对学习，进而理解知识的奥妙。同时，在这个过程中我们应具备坚持不懈的精神、持之以恒的意志力、矢志不渝的决心，这样我们才能在自我学习的过程中一直坚持、努力向前，实现自己的学习目标。

职场·小·故事 »

两个园林工人在吃饭时闲聊。甲说："整天挖坑种树的，让人烦透了！"乙说："你想着咱们是在建设一个美丽的新花园，这样心情就好多了！"多年后，甲依旧在花园里挖坑种树，而乙却成了园艺师。

二、培养自我学习能力的步骤

（一）激发学习动机

学习动机是在学习需求的基础上产生的，因此要想激发学习动机，首先应该认识到自我学习的重要性，产生学习需求。要通过课堂学习让自己发现学习知识的重要性，激发自己强烈的求知欲望，并通过参与各种社会实践活动帮助自己认识到不断的自我学习对于生活与未来职业发展的重要意义。让我们在正确认知的指导下，产生持续的学习动机，激发学习的热情，采取积极的行动。

（二）树立学习信心

自信心是个体顺利进行自我学习的前提条件，是开启人生成功之门的钥匙。自信心源于个体对自己的正确评价，是个体对自己的一种主观内心体验。树立自信心，首先要正确认识自己的优点与缺点，对自己形成一个客观的评价，并且保持乐观积极的心态，对学习始终保持热情，找到适合自己的学习环境，找到适合自己的学习方法，养成良好的学习习惯，不断提高自身学习效率，进而在良好的学习效果中提升学习自信心。在学习过程中难免会遇到一些问题，我们要有解决问题的主观动机，要以积极的心态深入分析产生问题的原因并尝试找到最优的解决办法，尽自己最大的努力攻克难关。同时，经常与他人交流学习中的心得体会、不断地学习周围人的成功经验对于学习自信心的培养具有重要的意义。

（三）增强学习兴趣

学习是一个漫长的过程。"兴趣是最好的老师。"学习主体要在强烈的学习兴趣的指引下才能把自我学习这项事业坚持下去。学习更是一生的事业。只有不断地学习，才能不断地进步，才能不断地提高自己的素质和生活的品质，保持自己的竞争力。我们要保持对学习的兴趣，首先就要对生活充满热情，保持乐观积极的生活态度，对生活中的事物保持好奇心。世界这么大，我们要经常出去走一走，开阔自己的视野和胸襟，丰富自己的实践经验。同时，我们要加深自己对社会的认识，在实践中培养自己多方面的兴趣，增强自己的学习能力，努力在学习中收获真正的快乐和满足，使自我学习成为自己生活的一部分。

（四）坚定学习意志

"学如逆水行舟，不进则退。"在学习过程中，我们往往会遇到许多问题，这个时候一定要保持良好的心态，不要畏惧学习中的困难，要增强心理承受能力和抗挫折能力。我们要学会正确对待学习过程中的困难，给予自己积极的心理暗示。适当的心理承受能力是个体良好的心理素质的体现。面对学习中的困难，要保持一颗平常心，保持乐观积极的心态，同时要认识到学习的重要性。对学习中的逆反心理要积极预防，在它出现之后要主动寻求教师、朋友的帮助，积极听取他人意见，不断完善自身。

三、培养自我学习能力的途径

（一）掌握扎实的基础知识

自我学习是个体运用自身所掌握的基础知识对新知识进行探索的过程。个体自我学习素养的获得并不是一蹴而就的，而是一个慢慢积累的过程。掌握扎实的基础知识是获得自我学习能力的前提。没有扎实的基础知识打底，个体便不会知道怎样进行自主学习，应该学习哪些内容，可以运用哪些有效的学习策略和思维方法。扎实的基础知识使得个体更加有效地学习其他相关知识，也使得个体灵活地运用基础知识来解决遇到的问题。每一天都是崭新的一天，有新的知识需要掌握，我们应该用心面对。日积月累，才能有丰富的底蕴，一步一个脚印，方能有所收获。

（二）在总结反思中获得提升

每天要反思自己，这样才能不断进步。对学过的知识要不断地进行回忆、总结和反思，在巩固学习成果的同时，也可以检验学习成果，及时发现学习中的问题。通过对问题的深入分析，反思学习方法是否合适、学习时间分配是否合理、学习内容安排是否恰当等问题，并"对症下药"，找到最优的解决方法。面对学习我们要保持高度的自信，善于总结学习中的经验和方法，坚持不懈，进一步激发拼搏意识，进一步掀起学习的高潮。在总结中提高，在反思中进步。

（三）在实际应用中得到增强

只有把学到的理论知识不断地运用到实践中，自我学习才能实现它的价值。我们要不断地在实践中锻炼自己，努力在学习中找到适合自己的方法，把理论与实践更好地结合起来，使书本上的理论能真正运用到日常生活中，以对学习的知识有进一步的理解，进而不断提高我们的创新意识与创新思维，实现知识储备的丰富与能力水平的提高。

职场·小·故事 ≫

明代大学士徐溥天资聪明，自幼读书刻苦。

少年时代的徐溥性格沉稳，举止老成，他在私塾读书时，从来都不苟言笑。塾师发现徐溥常从口袋中掏出一个小本看，以为是小孩子的玩物，一次走近才发现，原来是徐溥手抄的一本儒家经典语录，由此对他十分赞赏。徐溥还效仿古人，不断地检点自己的言行。他在书桌上放了两个瓶子，分别贮藏黑豆和黄豆。每当心中产生一个善念，或是说出一句善言、做了一件善事，便往瓶子中投一粒黄豆；相反，若是言行有什么过失，便投一粒黑豆。开始时，黑豆多，黄豆少，他就不断地反省并激励自己；渐渐黄豆和黑豆数量持平，他就再接再厉，更加严格地要求自己；久而久之，瓶中黄豆越积越多，相较之下黑豆渐渐显得微不足道。直到后来为官，徐溥都保留着这一习惯。

凭着这种持久的约束和激励，徐溥不断地修炼自我，完善自己的品德，终成德高望重的一代名臣。

徐溥对自己行为的高标准约束显示了他强烈的自律意识，即使是在独处时，他也能严于律己，谨慎对待自己的一言一行。慎独是自律的境界，它能让一个人在独立工作、无人监督的时候仍然不被外物所左右，丝毫不放松自我监督的力度，谨慎自觉地按照一贯的道德准则去规范自己的言行，一如既往地保持道德自觉。

活动与实践 »

请同学们制订本学期的学习计划。

职场·小·练手 »

亲爱的同学，通过上面的学习，相信你对自我学习有了更加深入的了解。你准备制订怎样的学习计划呢?

_____

_____

_____

_____

_____

职场·小收获 》

亲爱的同学，请将你在本节课学习、活动中的收获、体会和成长记录下来吧！

_____

_____

_____

_____

_____

观察与思考 »

　　一只新组装好的小钟放在了两只旧钟当中。两只旧钟"嘀嗒""嘀嗒"一分一秒地走着。其中一只旧钟对小钟说："来吧，你也该工作了。可是，我有点担心，你走完三千二百万步后，恐怕便吃不消了。"

　　"天哪！三千二百万步，"小钟吃惊不已，"要我做这么大的事？办不到，办不到啊！"

　　另一只旧钟说："别听它胡说八道。不用害怕，你只要每秒'嘀嗒'走一步就行了。"

　　"天下哪有这样简单的事情。"小钟将信将疑。

　　"如果这样，我就试试吧。"小钟很轻松地每秒钟"嘀嗒"走一步，不知不觉中，一年过去了，它轻松地走了三千二百万步。

想一想　这个故事给了你怎样的启发？

素养加油站 »

　　提升解决问题的能力，并不意味着我们可以解决困扰自己的所有问题，但至少当我们掌握了解决问题的相关知识后，就可以尝试提出解决方案，而不是坐以待毙，幻想事情会自己变好。

一、解决问题的内涵和特点

（一）解决问题的内涵

　　解决问题是指个体在主观意识的指导下，按照既定目标，综合分析相关背景资料，运用各种方法，经过一系列的思维操作，使问题得以解决的过程。

（二）解决问题的特点

1. 问题情境性

问题总是由一定的情境引发的。这种外在的情境性会激发我们对问题进行探究的兴趣，同时引导我们运用各种思维策略、采取各种措施去脱离这种情境。解决问题的过程就是问题情境消失的过程。当一个问题解决之后，再遇到同类情境时，我们就不会再感到困惑。

2. 目标指引性

问题的解决是在一定目标的指引下进行的。简单的问题有时通过直觉与猜测即可解决，复杂的问题则通常需要经过深入细致的分析与推理，以及联想与想象等思维过程加以解决。

3. 操作顺序性

问题的解决是由一系列心理操作相互配合实现的，这种操作是有顺序的系统性的操作，顺序一旦出现错误，问题就无法顺利解决。

4. 认知参与性

问题的解决离不开认知活动的参与。解决问题的过程是人的知、情、意一同参与的过程，其中认知成分在问题的解决中占有非常重要的位置，可以说是解决问题的前提条件。离开正确认知的参与，问题将无法解决。

职场·小·故事 》》

从前，有一个年轻人，他非常聪明，却非常自负。他认为自己无所不能。有一天，他遇到了一扇门，这扇门看起来非常普通，却无法打开。

这个年轻人非常生气，他认为这扇门是在嘲笑他的无能。他试图用力推门，门却纹丝不动。他试图用力拉门，但门还是没有动静。他甚至试图用力踢门，但门还是没有开。

这个年轻人非常沮丧，他甚至开始怀疑自己的能力。

突然，他听到了轻柔的敲门声。他抬起头，看到了一位老人。老人微笑着说："年轻人，你为什么这么生气呢？这扇门并不是在嘲笑你的无能，而是在教给你一个重要的道理。"

年轻人好奇地问："什么道理？"

老人说："这扇门告诉你，有些问题并不是用力就能解决的。有些问题需要你用心去解决，需要你去寻找正确的解决方法。"

年轻人恍然大悟，他明白了这扇门的教育意义。他开始冷静地思考，开始寻找正确的解决方法。最终，他发现了一个小小的开关，轻轻一按，门就打开了。

二、解决问题的条件和步骤

（一）解决问题的条件

1. 主观解决问题的意向

在日常生活中，我们会遇到许多问题。在问题出现时，我们要有主观上希望解决问题的意向，要有积极的心态，要带着足够的热情去解决问题。同时，我们也要有努力钻研的精神，积极查阅相关资料，收集相关信息，把收集到的信息进行整理加工，并进行认真严谨的分析，找到解决问题的突破点，这样我们才能更顺利地把问题解决好。

2. 质、量兼具并能反映问题全貌的信息

在解决问题时，我们会收集到关于问题的一些信息，这些信息既要有质也要有量。质是对于获取的信息要保证其真实性、可靠性，量是要收集到关于问题的大量信息，通过整合信息资源，才能更全面、更直接地反映问题的本质，才能更好地解决问题。

3. 扎实的基本理论知识

拥有扎实的基本理论知识是顺利解决问题必不可少的条件之一。因为在解决问题的过程中，我们需要相关的知识来分析问题，需要一些科学有效的方法来解决问题。自身拥有的理论知识越丰富，对问题的分析就会越透彻，而正确地分析问题又是顺利地解决问题的前提。但是，随着社会发展愈发多元化、科学技术发展水平的不断提高，新的问

题层出不穷，如果一味地不假思考地用以往的理论知识去解决问题，难免会犯教条主义的错误，这就需要与时俱进，掌握多方面的理论知识来应对，这样才能把问题解决好。

4. 一定的实践经验

一定的实践经验是帮助我们解决问题的不可或缺的重要因素，因为理论知识更多的是帮助我们有效地分析问题，但解决问题是一个实际操作的过程，离不开实践经验的指导。一定的实践能开阔我们的眼界，能增加我们解决问题的思路。世界上的事物都处于不断发展变化之中，如果我们总是用以往的经验来生搬硬套，将会犯经验主义错误，不利于问题的顺利解决。所以，我们要多参加社会实践，增强实践能力，在遇到问题时要能更灵活地应对，做到具体问题具体分析，进而更好、更高效地解决问题。

(二) 解决问题的步骤

1. 发现问题

为了发现问题，我们就要仔细观察身边发生的各种事情。要做一个热爱生活、乐于观察、勤于思考的人，仔细留意发生在我们身边的各种事情。

2. 分析问题

要想正确地解决问题，就要综合运用各种方法对问题进行全面的分析，去伪存真，还原问题的本来面目，明确问题的主要矛盾，要在收集的大量感性资料的基础上进行理性思维加工。

3. 提出假设

在全面分析该问题的基础上，提出解决该问题的假设，即可采用的解决方案。一个问题的解决方案有时并非只有一种，而是有多种。这时我们可以通过比较选出最佳的解决方案。

4. 检验假设

实践是检验真理的唯一标准，假设只是对问题提出一种可能的解决方案，问题最终能否被解决，还得放在实践中去接受检验。通过实践的检验，如果达到了预期的效果，则可以继续进行；如果未达到预期效果，则还需再提出假设并进行检验，直至达到预期效果。

职场小·故事 »

在一片遥远的森林里，生活着一群活泼的小动物，他们彼此相处融洽，共同分享喜怒哀乐。在这片森林中，有一只兔子，名叫艾莉。艾莉以其智慧和公正而闻名，森林里的动物经常来找她寻求建议。

但是，艾莉发现，森林中的许多动物开始依赖她解决所有的问题，甚至是那些他们完全有能力自己解决的事情。艾莉开始感到疲惫，因为她自己的工作和生活也需要时间和精力。

一天，狐狸费利克斯神色慌张地跑来找艾莉说道："艾莉，我有个大问题，我的家快要被河水淹没了，你能帮我解决吗？"艾莉看着面前焦急的狐狸，决定尝试一种新的方法。

她温柔地对费利克斯说："听起来真的很可怕啊，你打算怎么办？"费利克斯停了下来，深吸了一口气，开始思考可能的解决办法。经过一番思考后，费利克斯想到了一个办法："也许我可以挖掘一条沟渠来引导水流，这样我的家就不会被淹了。"艾莉鼓励地点了点头。

狐狸费利克斯按照自己的计划采取了行动，结果非常成功。费利克斯对兔子艾莉感激非常，于是提着礼物去感谢艾莉。

但艾莉却告诉费利克斯："不知道你意识到没有，其实我并没有说什么啊！是你用自己的智慧与能力解决的问题！"

从那时起，兔子艾莉开始用这种方法回应来寻求帮助的动物。狐狸费利克斯也不断地将自己的经历告诉别的动物。于是，越来越多的动物意识到，艾莉提供的是倾听与支持，但最终是他们用自己的能力解决的问题。

➢ 三、解决问题中的注意事项

（一）一切从实际出发，理论联系实际

考虑问题、处理事情要尊重客观规律，以事实为出发点。在解决问题之前，我们要开展全面深入的调查研究，具体问题具体分析，全面认识客观实际，把握事情发展的方向。然后，根据客观实际思考解决问题的办法，要充分发挥主观能动性，坚持以联系的、

全面的、发展的眼光看问题。最终，要结合客观实际采取行动，并在理论知识与客观实际相结合中将问题顺利解决。

（二）立足整体，认真分析

整体在事物中居于主导地位，统率着部分，具有部分不具备的功能，我们在看问题时要树立全局观念，立足整体，统筹全局。分析问题的方法多种多样，我们要立足整体加以分析，站在全局的角度分析问题的不同空间分布，了解它的各个组成部分，并且认真分析问题发展的各个阶段，把复杂的问题简单化，变整体为部分，化难为易，实现整体的最优目标。

（三）端正态度，平和心态

人生的道路漫长而曲折，我们可能会遇到许许多多的困难，然而无论怎样，我们都要相信前途是光明的。树立正确的挫折观，不断学习，充实自己，直视人生中的各种挑战。世间的一切都是相对的，顺境与逆境会随着我们自身的选择而不断改变。对于逆境，我们要端正态度，积极面对，寻求正确的解决方法，不断地挑战自我、战胜自我。挫折既是一种不良的境遇，也是一股能激发潜力的力量。它可以激发我们的斗志，磨炼我们的意志。挫折也会在一定程度上使我们冷静，让我们反思。面对困难，良好的心理品质也必不可少。例如，平和的心态会使我们在面对挫折时迸发出不一样的力量，也会增强我们对挫折的耐受性，让我们冷静面对，理性思考，化压力为动力，保持积极、乐观的态度。我们要能经受挫折，学会自我宽慰，心怀坦荡、情绪乐观、满怀信心地去争取成功。

| 职场·小·故事 >>

阿诺德和布鲁诺的差距

阿诺德和布鲁诺同时受雇于一家店铺，拿着同样的薪水。可是一段时间以后，阿诺德青云直上，而布鲁诺却仍在原地踏步。布鲁诺到老板那儿发牢骚。老板一边耐心地听他抱怨，一边在心里盘算着怎样向他解释清楚他和阿诺德之间的差距。

"布鲁诺，"老板说，"你去集市一趟，看看今天早上有什么卖的东西。"

布鲁诺从集市上回来向老板汇报说："今早集市上只有一个农民拉了一车土豆在卖。""有多少？"老板问。布鲁诺赶快又跑到集市上，然后回来告诉老板说一共有40袋土豆。"价格是多少？"布鲁诺第三次跑到集市上问来了价格。"好吧，"老板对他说，"现在请你坐在椅子上别说话，看看别人怎么说。"

阿诺德很快就从集市上回来了，也向老板汇报情况，到现在为止，只有一个农民在卖土豆，一共40袋，价格是多少；土豆质量很不错，他便带回来一个让老板看看。这个农民一小时以后还会运来几箱西红柿，据他看价格非常公道。昨天他们铺子的西红柿卖得很快，库存已经不多了。他想这么便宜的西红柿老板肯定需要进一些的，所以他不仅带回了一个西红柿做样品，而且把那个农民也带来了，他现在正在外面等回话呢。

此时，老板转向布鲁诺说："现在你知道为什么阿诺德的薪水比你高了吧？"

活动与实践 》》

同学们，从下面的小故事中，你获得了哪些启发？

甲、乙两人斗智，甲出了一个题目让乙完成。这个题目看起来是不可能完成的，即在一个同时只能烙两张饼的锅中，三分钟烙好三张饼，每张必须烙两面，每面烙一分钟。算下来，似乎最少需要四分钟才能把三张饼烙好，可是甲只给了乙三分钟。乙想了想，突然想到了在三分钟内烙好三张饼的方法，这是打破常规的烙饼方法。先烙两张饼，一分钟后，把一张翻烙，另一张取出，换第三张，又过一分钟，把烙好的一张取出，另一张翻烙，并把第一次取出的那张饼放回锅里翻烙，三分钟后三张饼全烙好了。

职场·小·练手 》》

亲爱的同学，通过上面的学习，相信你对解决问题有了更加深入的了解。日后遇到问题，你准备怎样解决呢？

职场·小·收获 ≫

亲爱的同学，请将你在本节课学习、活动中的收获、体会和成长记录下来吧！